中华烹饪古籍经典藏书

能改斋漫录

（饮食部分）

[南宋] 吴 曾 撰

中国商业出版社

图书在版编目（CIP）数据

能改斋漫录.饮食部分/(南宋)吴曾撰.—北京：中国商业出版社，2021.6
ISBN 978-7-5208-1551-2

Ⅰ.①能… Ⅱ.①吴… Ⅲ.①笔记—中国—南宋—选集②饮食—史料—中国—南宋③烹饪—史料—中国—南宋 Ⅳ.① Z429.44 ② TS972.1-092

中国版本图书馆 CIP 数据核字（2020）第 260280 号

责任编辑：包晓嫱　常　松

中国商业出版社出版发行
010-63180647　www.c-cbook.com
（100053 北京广安门内报国寺 1 号）
新华书店经销
唐山嘉德印刷有限公司印刷

*

710 毫米 ×1000 毫米　16 开　10.5 印张　100 千字
2021 年 6 月第 1 版　2021 年 6 月第 1 次印刷
定价：48.00 元

****

（如有印装质量问题可更换）

《中华烹饪古籍经典藏书》
指导委员会
（排名不分先后）

名誉主任
姜俊贤　魏稳虎

主　任
张新壮

副主任
冯恩援　黄维兵　周晓燕　杨铭铎　许菊云

高炳义　李士靖　邱庞同　赵　珩

委　员
姚伟钧　杜　莉　王义均　艾广富　周继祥

赵仁良　王志强　焦明耀　屈　浩　张立华

二　毛

《中华烹饪古籍经典藏书》
编辑委员会
（排名不分先后）

主 任
刘毕林

秘书长
刘万庆

副主任
王者嵩　郑秀生　余梅胜　沈　巍　李　斌　孙玉成

陈　庆　朱永松　李　冬　刘义春　麻剑平　王万友

孙华盛　林凤和　陈江凤　孙正林　杜　辉　关　鑫

褚宏辚　滕　耘

委 员

林百浚	闫 囡	张可心	尹亲林	彭正康	兰明路
胡 洁	孟连军	马震建	熊望斌	王云璋	梁永军
唐 松	于德江	陈 明	张陆占	张 文	王少刚
杨朝辉	赵家旺	史国旗	向正林	王国政	陈 光
邓振鸿	贺红亮	邸春生	谭学文	王 程	李 宇
李金辉	范玖炘	于 忠	高 明	刘 龙	吕振宁
孔德龙	吴 疆	张 虎	牛楚轩	寇卫华	刘彧殁
王 位	吴 超	侯 涛	赵海军	刘晓燕	孟凡宇
佟 彤	皮玉明	高 岩	杨志权	任 刚	林 清
刘忠丽	刘洪生	赵 林	曹 勇	田张鹏	阴 彬
马东宏	张富岩	王利民	寇卫忠	王月强	俞晓华
张 慧	刘清海	李欣新	赵 鑫	渠永涛	蔡元斌
刘业福	杨英勋	王德朋	王中伟	王延龙	孙家涛
张万忠	种 俊	仲 强	金成稳		

《能改斋漫录（饮食部分）》
编辑委员会
（排名不分先后）

主 任
刘万庆

注 释
王仁湘　刘万庆

译 文
王仁湘

编 委
辛　鑫

《中国烹饪古籍丛刊》出版说明

国务院一九八一年十二月十日发出的《关于恢复古籍整理出版规划小组的通知》中指出：古籍整理出版工作"对中华民族文化的继承和发扬，对青年进行传统文化教育，有极大的重要性"。根据这一精神，我们着手整理出版这部丛刊。

我国的烹饪技术，是一份至为珍贵的文化遗产。历代古籍中有大量饮食烹饪方面的著述，春秋战国以来，有名的食单、食谱、食经、食疗经方、饮食史录、饮食掌故等著述不下百种；散见于各种丛书、类书及名家诗文集的材料，更加不胜枚举。为此，发掘、整理、取其精华，运用现代科学加以总结提高，使之更好地为人民生活服务，是很有意义的。

为了方便读者阅读，我们对原书加了一些注释，并把部分文言文译成现代汉语。这些古籍难免杂有不符合现代科学的东西，但是为尽量保持其原貌原意，译注时基本上未加改动；有的地方作了必要的说明。希望读者本着"取其精华，去其糟粕"的精神用以参考。编者水平有限，错误之处，请读者随时指正，以便修订。

中国商业出版社
1982 年 3 月

出版说明

20世纪80年代初，我社根据国务院《关于恢复古籍整理出版规划小组的通知》精神，组织了当时全国优秀的专家学者，整理出版了《中国烹饪古籍丛刊》。这一丛刊出版工作陆续进行了12年，先后整理、出版了36册，包括一本《中国烹饪文献提要》。这一丛刊奠定了我社中华烹饪古籍出版工作的基础，为烹饪古籍出版解决了工作思路、选题范围、内容标准等一系列根本问题。但是囿于当时条件所限，从纸张、版式、体例上都有很大的改善余地。

党的十九大明确提出："要坚定文化自信，推动社会主义文化繁荣兴盛。推动文化事业和文化产业发展。"中华烹饪文化作为中华优秀传统文化的重要组成部分必须大力加以弘扬和发展。我社作为文化的传播者，就应当坚决响应国家的号召，就应当以传播中华烹饪传统文化为己任。高举起文化自信的大旗。因此，我社经过慎重研究，准备重新系统、全面地梳理中华烹饪古籍，将已经发现的150余种烹饪古籍分40册予以出版，即《中华烹饪古籍经典藏书》。

此套书有所创新，在体例上符合各类读者阅读，除根据前版重新完善了标点、注释之外，增添了白话翻译，增加了厨界大师、名师点评，增设了"烹坛新语林"，附录各类中国烹饪文化爱好者的心得、见解。对古籍中与烹饪文化关系不十分紧密或可作为另一专业研究的内容，例如制酒、饮茶、药方等进行了调整。古籍由于年代久远，难免有一些不符合现代饮食科学的内容，但是，为最大限度地保持原貌，我们未做改动，希望读者在阅读过程中能够"取其精华、去其糟粕"，加以辨别、区分。

我国的烹饪技术，是一份至为珍贵的文化遗产。历代古籍中留下大量有关饮食、烹饪方面的著述，春秋战国以来，有名的食单、食谱、食经、食疗经方、饮食史录、饮食掌故等著述屡不绝书，散见于诗文之中的材料更是不胜枚举。由于编者水平所限，书中难免有错讹之处，欢迎大家批评、指正，以便我们在今后的出版工作中加以修订。

中国商业出版社
2019 年 9 月

本书简介

《能改斋漫录》十八卷，南宋吴曾撰。

吴曾，字虎臣，南宋初年人，生卒不详。吴曾祖居江西抚州崇仁，绍兴年间秦桧当权时，献所著《春秋左氏传发挥》等书得官，升吏部郎中，后迁工部郎中，出知严州（今浙江建德）。幼时耕读故里，未拜官时已是"博闻强识，知名江西"了。

《能改斋漫录》是南宋人笔记小说中比较重要的一种，其内容有记载宋朝史事、辩证诗文典故、解释名物制度等几方面，凡二千余条。本书由于博取后世失传的多种文献，所以篇中辑录的资料对于后世文史考订工作帮助极大。

今传《能改斋漫录》比较完善的刊本分十八卷（另有辑录逸文一卷），主要分事始、辨误、事实、沿袭、地理、议论、记诗、记事、记文、方物、乐府和神仙鬼怪几门。其中卷十五"方物"门大多言饮食出产，关于食品名称的考订、唐宋及魏晋时代的饮食风尚的文字还散见于其他各卷中，作者旁征博引，考校精详。我们将这些饮食烹饪的有关内容一并选出,加以注译。所选各条仍按原卷次排列,便于读者查对。另有京仲远所作的序及吴曾的儿子吴复作的后序也都放在卷首译出。

本书现在所见的刊本有十多种。

今本为明人从秘阁中抄出,其中以中华书局1960年标点本最为完备,并附有清代孙星华辑逸文一卷。此本原以武英殿聚珍版为底版,以其他诸本校勘。本注译本原文参照中华书局本选出,原标点错误已作改正,一些误排文字也参照聚珍本进行改订。

中国商业出版社

2021年3月

目 录

序 …………………………001

后序 ………………………003

卷一　事始 ……………005

　　楼罗 ……………………005

　　麦秋 ……………………008

　　廋词 ……………………010

　　鸱夷子皮 ………………012

　　浴处挂壶于门 …………015

　　脍残鱼 …………………016

　　盐豉 ……………………018

　　羹 ………………………020

卷二　事始 ……………023

　　增谷价 …………………023

　　禁杀牛 …………………024

　　一顿食 …………………025

　　俗骂"客作" ……………026

　　点心 ……………………027

　　寺立观音像 ……………028

　　百合治病 ………………029

　　鹘突 ……………………030

　　饮席酹酒之始 …………032

卷三　辨误 ……………034

　　束脩义 …………………034

　　蒸壶似蒸鸭 ……………035

　　曲名《荔枝香》 ………037

卷四　辨误 ……………040

　　桑落酒 …………………040

　　鱣、鲔皆不得真 ………041

　　辨杜子美诗 ……………044

卷五　辨误 ……………046

　　羊舌族氏 ………………046

　　韩子苍和频字韵诗 ……048

卷六 事实··········050
 槎头缩项鳊··········050
 厨人··········053
 莼为露葵··········053
 松花酒··········055
 浮蚁··········056
 独酌谣··········056
 乌鬼··········058
 一顿食··········058
 金叵罗··········059

卷七 事实··········060
 玉粒··········060
 吹炭燎··········061
 饕餮··········062
 酌酒··········064
 荔枝、杨梅、卢桔·····064
 夜航船··········065
 青精饭··········065

卷八 沿袭··········067
 应声虫··········067
 薏苡芎䓖··········069

卷九 地理··········070
 洞庭桔··········070

卷十 议论··········073
 东坡知味、李公择
 知义··········073

卷十一 记诗··········074
 巴苴、仁频··········074
 江子我作《牛酥行》···075

卷十二 记事··········077
 甘露··········077
 晏元献节俭··········080
 郑文肃取仓腐粟
 为己俸饭··········082

卷十三 记事··········083
 杨震急逐鹤去··········083
 御赐酒名"清醑"······084
 唐宋运漕米数··········084

卷十四 记文··········086
 大辽使谢赐柑《表》···086

类对 ·········· 087
- 肉食者谋 ·········· 087
- 劳薪饭 ·········· 088

卷十五　方物 ·········· 090
- 卢桔 ·········· 090
- 桔渡江为枳 ·········· 091
- 子鱼通印蠔破山 ·········· 093
- 仙茅 ·········· 094
- 绵竹绿茶 ·········· 096
- 贡茶贵早 ·········· 097
- 栗如拳 ·········· 098
- 车螯 ·········· 098
- 橄榄有五种 ·········· 099
- 苦笋甜咸廞淡 ·········· 100
- 楮子 ·········· 101
- 朝日莲 ·········· 103
- 樱笋厨 ·········· 104
- 金鲫鱼 ·········· 105
- 肉芝 ·········· 105
- 羌俗不食鱼 ·········· 107
- 石首鱼 ·········· 108
- 胡麻饼 ·········· 109
- 虾蟆 ·········· 111
- 鲨 ·········· 112
- 建茶 ·········· 115
- 辨汤饼 ·········· 116
- 千里莼羹，未下
- 盐豉 ·········· 118
- 荔枝谱 ·········· 120
- 采橄榄 ·········· 123
- 论盐 ·········· 124
- 煮汤饼 ·········· 125
- 茶品 ·········· 126
- 贡荔枝地 ·········· 130

卷十六　乐府 ·········· 132
- 水光山色，渔父家风 ·········· 132

卷十七　乐府 ·········· 133
- 茶词 ·········· 133

卷十八　神仙鬼怪 ·········· 136
- 仁宗芝草之瑞 ·········· 136
- 寇莱公强人饮 ·········· 136
- 张相公食料羊 ·········· 138
- 道民种茴香 ·········· 138

袁天纲知牛产牝牡……140

逸文……142
狼糖……142
真率会……142
食中置粪……143

食前方丈……144
采葵……146
牛酥煎花蕊……146
食肉、乘车……147
姜豉……148

序

　　吏部①吴公曾虎臣②，以胸中万卷之书，游戏笔端③，裒④成此集。往时仇家摘其中有一二不合载事⑤，谓非所宜言，遂閟⑥不传。然狐裘而羔袖⑦，袖则羔矣，其如裘之美何？今削其不合载者，而存其所不当废者，刊诸成都郡斋⑧。既以广好事之传，且以恩公之博也！

　　　　　　　　　　　　绍熙改元十一月朔⑨
　　　　　　　　　　　　豫章⑩京镗仲远⑪书

---

① 吏部：官署名。东汉始将尚书常侍曹改为吏曹，又改为选部，魏晋以后称吏部。唐代开始，中央行政机构设吏、户、礼、兵、刑、工六部，吏部掌管全国官吏的任免、考绩、升降等。

② 吴公曾虎臣：本书作者，名吴曾，字虎臣。南宋初年人，生卒不详。"公"是尊称。

③ 游戏笔端：自在无碍从事写作的情态。

④ 裒（póu）：聚。

⑤ 不合载事：不适合写进书里的事。这里指原书中讪笑王朝宗室愚昧之语，事见宋代周辉《清波别志》一书。

⑥ 閟（bì）：隐秘。

⑦ 然狐裘而羔袖："狐裘羔袖"，典出《左传·襄公十四年》："余狐裘而羔袖。"狐贵羔贱，比喻大有可取，小有不足之意。

⑧ 成都郡斋：待考。疑即成都书局之类。

⑨ 绍熙改元十一月朔：绍熙元年（公元1190年）十一月一日。绍熙，宋光宗年号。改元，皇帝改换年号。朔，阴历每月初一。

⑩ 豫章：郡名。楚汉之际置，治所在今江西南昌，亦是江西省的别称。

⑪ 京镗仲远：人名。姓京，名镗，字仲远。宋高宗时为工部侍郎，后入蜀治政有方，拜左丞相。他为吴曾书刊出作序，或许是因为同乡之故。

【译】吏部郎中吴曾，字虎臣。他以胸中万卷书文，游戏笔端，汇辑成本书。当初有的冤家对头摘录书中一两条认为是不适宜写进书里的文字，借口此书言而无当，因此就隐秘起来，不让它流传出去。不过就像"狐裘羔袖"一样，衣袖虽是羔皮裁成的，可这对狐皮衣之美又有多大影响呢？现在删去那些不适宜的文字，保存那些不该废弃的文字，由成都郡斋将此书刊印于世。这样既可以广开好事的流传途径，又可以让人们得知吴公学识是何等渊博。

绍熙元年十一月一日

豫章京镗仲远书

后序

　　家君年十有五随伯父入上庠①,间关险阻,复归隐抚②之崇仁③,牧耕萝山④之阳,且十年矣。属以所著被遇上知,获齿仕版⑤,久之不得调。绍兴癸酉⑥,始自敕局⑦改右承奉郎⑧,主奉常簿⑨,入玉牒所⑩为检讨官⑪,未几以祖母忧去职。既免丧⑫,而自放于旧隐间。谓复⑬曰:"予自少至壮,奔走四方,从贤士大夫游⑭,所得多矣。因循不省,既老且死,

---

① 上庠(xiáng):古代大学叫上庠,小学称下庠。

② 抚:抚州。今江西抚州。

③ 崇仁:县名。在今江西抚州西南。

④ 萝山:在今江西崇仁境内。

⑤ 获齿仕版:获准录用为官。齿,录用。仕版,古代官员上朝拿着的手板,这里意指做官。

⑥ 绍兴癸酉:绍兴二十三年,即公元1154年。绍兴,宋高宗第二个年号。

⑦ 敕(chì)局:为皇帝起草诏书的官署。

⑧ 承奉郎:隋代起所置的文散官,八郎之一,属吏部。

⑨ 主奉常簿:主簿,官名,负责文书簿籍,主管印鉴。奉常,奉常寺,据《建炎以来系年要录》卷一百四十应为宗正寺,九寺之一,掌亲属。

⑩ 玉牒所:属宗正寺,掌皇族谱系。

⑪ 检讨官:属史官之一种。

⑫ 免丧:过了父母的丧期。免,除。

⑬ 复:吴复。吴曾之子。

⑭ 游:交往,交际。

则无以传也。"俾①复执笔记之，凡二千余条，以类相从②，疏为十八卷，号《能改斋漫录》，用藏于家。

绍兴二十七年③十月一日
男复谨序

【译】家父十五岁时跟着伯父一起进上庠就学，由于路途艰险难行，不得已回到抚州崇仁隐居下来。在萝山之阳放牧耕作，将近十年之久。由于献出他所撰写的著作而受朝廷知遇，得以进入仕途，只是很久没有得到升迁。高宗绍兴二十三年，才由敕局改任右承奉郎。负责文书簿籍，主管印鉴，后又入玉牒所做检讨官，不久，因为祖母故去而弃职。丧期过后，仍在旧居悠然度日。父亲对我说："我从少年时起一直到现在，东奔西走，与贤士大夫们相往来，得益很多。若是拖延耽搁下去，待我老死之后，恐怕就要失传了"。于是就叫我执笔记录，共得两千多条。通过分类排比，分为十八卷，书名为《能改斋漫录》，用以在家中收藏。

绍兴二十七年十月一日
儿吴复谨序

---

① 俾（bǐ）：使。

② 以类相从：把类别相同的归置在一起。

③ 绍兴二十七年：公元1157年。

卷一　事始
（选八条）

楼罗

黄朝英《缃素杂记》①论"楼罗"云："《酉阳杂俎》②云：'楼罗，因天宝③中，进士④有东西棚⑤，各有声势，稍伧⑥者多会于酒楼，食毕罗⑦，故有此语。'予读梁元帝⑧《风人辞》云：'城头网雀，楼罗人著。'则知楼罗之言，起已多时。又《苏鹗演义》⑨云：'楼罗，干了⑩之称也。俗云骡之大者曰楼骡，骡、罗声相近，非也，又云：娄敬⑪、

---

① 《缃素杂记》：宋代黄朝英撰，共十卷。缃素，浅黄色的细绢。古时多用以为书衣，故称书卷为"缃素"。

② 《酉阳杂俎（zǔ）》：唐段成式（？—公元863年）撰，二十卷。书中多诡怪不经之谈，也有许多有价值的遗文秘籍夹杂其间。

③ 天宝：唐玄宗第三个年号（公元742—756年）。

④ 进士：唐制，应举者为举进士，试毕放榜合格者谓之成进士。

⑤ 棚（péng）：古时学习射箭地方的矮墙。

⑥ 伧（cāng）：粗俗。

⑦ 毕罗：又作"饆（bì）饠（luó）"。饼类食品，中有馅。一说是"抓饭"。《酉阳杂俎》："韩约能樱桃饆饠，其色不变。"

⑧ 梁元帝：萧绎（公元508—554年），梁武帝第七子。字世诚，小字七符，南兰陵（今江苏常州西北）人。今存《梁元帝集》，系后人辑本。

⑨ 《苏鹗演义》：《苏氏演义》。唐代苏鹗撰，对于典制名物，俱有考证。载《全唐文》中。

⑩ 干了：干练，能干。

⑪ 娄敬：西汉谋臣，号奉春君，后为关内侯。刘邦曾命他出使匈奴，谋求和亲。

甘罗①，亦非也。'盖楼者，揽也，罗者，绾②也。言人善于办于事者，遂谓之搂罗。搂字从手旁作娄。《尔雅》③云：娄，聚也、此说近之。然《南史·顾欢传》④云：'蹲夷⑤之仪，娄罗之辨。'又《谈苑》⑥载朱贞白⑦诗云太娄罗，乃止用娄罗字。又《五代史·刘铢传》⑧云：'诸君可谓偻偆儿矣'，乃加人焉。"以上皆朝英说。然予以为此说久矣，北齐文宣帝⑨时已有此语："王昕曰：楼罗楼罗，实自难解"⑩，盖不始于梁元帝之时。以《表》⑪考之，梁文帝即

---

① 甘罗：战国末年秦国大臣，十二岁时别出奇计，自愿出使赵国，取赵攻燕得三十城，封为上卿。

② 绾（wǎn）：把长条形的东西盘绕打成结。

③ 《尔雅》：我国最早的一部解释词义和名物的工具书。大约成书于秦汉之际，全书存十九篇，为"十三经"之一。

④ 《南史·顾欢传》：二十四史之一，唐李延寿撰，共八十卷。记载了南朝宋、齐、梁、陈四个朝代共一百七十年（公元420—589年）的历史。

⑤ 蹲夷：踞坐。

⑥ 《谈苑》：宋代黄鉴撰，十五卷。黄与杨亿为同乡，集杨谈话名曰《谈薮》，后改曰《杨文公谈苑》。

⑦ 朱贞白：人名。

⑧ 《五代史·刘铢传》：史书名，有新旧两种。《旧五代史》为宋太宗时薛居正撰，一百五十卷。仁宗时欧阳修重修订为七十五卷，为《新五代史》。新史刊行，旧史即散佚，今见《旧五代史》为清代从《永乐大典》甄录编成。

⑨ 北齐文宣帝：北齐开国皇帝，字子进，公元550—559年在位。

⑩ 楼罗楼罗，实自难解：引自《北史·王昕传》："尝有鲜卑聚语，崔昂戏向昕曰：'颇解此否？'昕曰：'楼罗楼罗，实自难解。'"

⑪ 《表》：疑指宋代郑樵撰《通志·年谱》之类。

位,是岁己巳①。次年庚午,北齐宣帝即位。至壬申年②,梁元帝方即位,今据《缃素杂记》,以楼罗事引梁元帝《风人辞》为始,不当,盖元帝在宣帝之后。

【译】黄朝英《缃素杂记》谈论"楼罗"一词时说:"《酉阳杂俎》云:'楼罗,起自玄宗天宝年间,当时举进士分作东西两朋,都很有些声势,那些比较粗俗的多会饮于酒楼,食饆饠(原指抓饭,古代的一种食品),所以就有了楼罗的说法'。我读到梁元帝《风人辞》云:'城头网雀,楼罗人著。'则由此得知楼罗一词,早已就有了。又见《苏鹗演义》说:'楼罗,是干练之意。习惯上称大骡子为楼骡,因为骡与罗的读音相同,这是不对的。又说楼罗是汉代的娄敬和秦时的甘罗两个人,这也不对。'实际上楼为揽之意,而罗又有绾系之意,对于办事能干的人,就谓之搂罗。搂字偏旁为手部,作娄声。《尔雅》解娄为聚集之意。这个说法比较接近事实。不过《南史·顾欢传》有'蹲夷之仪,娄罗之辨'之说;又《谈苑》所载朱贞白诗说到'太娄罗',只写成'娄罗',而无手字旁。还有《五代史·刘铢传》中的'诸君可谓偻儸儿矣'一语,娄罗又加上人旁成'偻儸了'。"以上都是黄朝英所考。不过我以为楼罗一词起源还要早一些,北齐文宣帝时就已有这个说法了。《北

---

① 是岁己巳:那年干支为己巳,即公元549年。现在通常记作庚午年,即梁文帝大宝元年,即公元550年。

② 壬申年:承圣元年,即公元552年。

史·王昕传》记王昕"楼罗楼罗，实自难解"一语，可证楼罗之说并不始于梁元帝时。以《通志·年谱》来考订，梁文帝即位是在己巳年；次年为庚午年，北齐宣帝即位；经辛未年至壬申年，梁元帝晚齐宣帝两年才即位。现在据《缃素杂记》，以为楼罗一词在梁元帝《风人辞》中是首次出现，这是不对的，因为元帝在宣帝之后。

麦秋

黄朝英《缃素杂记》云："宋子京①有《帝幸南园观刈麦诗》云：'农扈②方迎夏，官田③首告秋。'注云：'臣谨按，物成熟者谓之秋，取揫敛④之意，故谓四月为麦秋。'余按⑤，《北史·苏绰传》⑥云：'布种⑦既讫，嘉苗须理。麦秋在野，蚕停于室。'则'麦秋'之说，其来旧矣⑧。"

---

① 宋子京：字子京（公元998—1061年），湖北安陆人，北宋文学家、史学家。与欧阳修同修《新唐书》，进工部尚书，拜翰林学士承旨。谥景文，有《宋景文集》。

② 农扈（hù）：农户。

③ 官田：公田，属于官之田。又指在朝为官人家里的田地。

④ 揫（jiū）敛：聚敛。揫，收聚。

⑤ 余按：作者所作的按语。余，第一人称代词，古时惯用自称。按，经考察和研究后所作的说明与判断。

⑥ 《北史·苏绰传》：二十四史之一。唐李延寿撰，共一百卷。记述了北朝魏、北齐（包括东魏）、周（包括西魏）和隋四个朝代共二百三十三年（公元386—618年）的历史。

⑦ 布种：播种。

⑧ 其来旧矣：言其起源很早。旧，在此作久远解。

已上皆朝英说。予考"麦秋"之始,在《礼记·月令》①自有成说,何必引苏绰说耶?释其义,则景文②之说尤尽。及观王荆公③绝句云:"荷叶初开笋渐抽,东陂南荡正堪游。无端陇上翛翛④麦,横起寒风占作秋。"此又何也?然景文所注,本出蔡邕《月令章句》⑤,曰:"百谷各以其初生为'春',熟为'秋',故麦以孟夏⑥为秋。"

【译】黄朝英的《缃素杂记》写道:"宋子京所作的《帝幸南园观刈麦诗》云:'农扈方迎夏,官田首告秋。'注者说:'臣谨按,作物成熟时谓之秋,取聚敛之意,所以称四月为麦秋。'我认为,《北史·苏绰传》说:'布种既讫,嘉苗须理。麦秋在野,蚕停于室',可见'麦秋'的说法,已有相当久远的历史了。"以上都是黄朝英的话。据我考证"麦秋"一词的起源,本来在《礼记·月令》里就已经

---

① 《礼记·月令》:有"麦秋至"一语。《礼记》一名《小戴礼》,汉代据古籍编撰而成,有《大戴礼》和《小戴礼》之分。

② 景文:宋子京,名祁,景文为谥号。

③ 王荆公:王安石(公元1021—1086年),北宋政治家、文学家。字介甫,号半山,江西抚州人。为神宗相,封荆国公。有《王临川集》及《三经正义》(残卷)等。

④ 翛(xiāo)翛:随风摇摆的样子。又形容鸟类羽毛枯焦没有光泽。

⑤ 蔡邕(yōng):东汉末年文学家、音乐家、书法家,字伯喈(公元133—192年)。曾校订六经原文,并用隶书书刻在石碑上,即有名的"熹平石经"。有《蔡中郎集》。《月令章句》:东汉蔡邕撰,今存一卷,为清人辑本,有近十个版本。

⑥ 孟夏:夏天首月,即四月。古以孟、仲、季来称呼四季的不同月份,仲夏即五月,季夏即六月。

有了现成的说法，还有什么必要去援引苏绰的话呢？解释这个词的意义，以宋景文的说法最为详尽。又看到王荆公绝句云："荷叶初开笋渐抽，东陂南荡正堪游。无端陇上儦儦麦，横起寒风占作秋。"这种释义又如何？不过宋景文所作的注，本来出自东汉人蔡邕的《月令章句》，蔡说："百谷都以它们开始生长的时候为'春'，成熟的时节为'秋'，所以麦以孟夏为秋。"

廋词①

《太平广记》②引《嘉话录》③载："权德舆④言而不闻，又善廋词。尝逢李二十六⑤于马上，廋词问答，闻者莫知其说焉！或曰：'廋词何也？'曰：'隐语耳。'《论语》⑥不曰：'人焉廋哉⑦！人焉廋哉，此之谓也。'"已上

---

① 廋（sōu）词：隐语，即今谜语之类。廋，隐匿。

② 《太平广记》：小说总集。公元977年宋太祖命李昉等编成，共五百卷。收辑汉至宋初小说、笔记四百余种，本书对后世文学发展有较大影响。

③ 《嘉话录》：唐代韦绚撰，共一卷，即《刘宾客嘉话录》。

④ 权德舆：字载之（公元759—818年），天水略阳（今甘肃秦安）人，唐朝大臣。宪宗时官至礼部尚书，著述甚多，有《权文公集》。

⑤ 李二十六：人名。

⑥ 《论语》：儒家经典之一。由孔子的弟子编纂的有关孔子言行的记录，共二十章，是研究孔子思想的主要资料。

⑦ 人焉廋哉：见《论语·为政》。

皆《嘉话》所载。予按，《春秋传》[1]曰："范文子[2]莫退于朝。武子[3]曰：'何莫也？'对曰：'有秦客[4]廋词于朝，大夫莫之能对也，吾知三焉。'""楚申叔时[5]问还无社[6]曰：'有麦麴乎？有山鞠藭乎[7]？'"盖二物可以御湿，欲使无社逃难于井中。然则"廋"一字虽本于《论语》，然大意当以《春秋传》为证。东坡[8]和王定国[9]诗云："巧语屡曾遭薏苡[10]，廋诗聊复托芎藭[11]。"

【译】《太平广记》援引《嘉话录》的记载："唐朝的权德舆所说的都没有听过，而且很精于廋词。曾遇见李

---

[1] 《春秋传》：《春秋》有三传，即《公羊传》《谷梁传》《左氏传》，一般引用《左传》较多。《春秋》原为孔子删定的鲁国史记。

[2] 范文子：春秋晋国人，范武子士会之子。

[3] 武子：范武子，名士会，春秋时晋国正卿。文子之父。

[4] 秦客：秦国的来使。

[5] 楚申叔时：申叔时，楚贤大夫，申公。

[6] 还无社：春秋时萧之大夫，号申叔展。

[7] 有麦麴乎？有山鞠藭乎：此句载《左传·宣公十二年》。麦麴（qū），御湿之药，又为酿酒的发酵剂。麴，通曲。山鞠藭（qióng），即川芎，又名芎藭、香果等。

[8] 东坡：苏东坡（公元1037—1101年），名轼，字子瞻，眉山（今四川眉山）人。北宋中期文学家、书法家、画家，曾任翰林学士、侍读、龙图阁学士等官。有《东坡全集》。

[9] 王定国：人名，汴（今河南开封）人，久居临安（今浙江杭州）。擅工画花鸟。

[10] 薏苡（yǐ）：一年生或多年生草本植物。颖果卵形。果仁叫薏米，药用可健脾、祛湿、利尿。

[11] 芎（xiōng）藭：又称川芎，多年生草本植物。根茎入药，可治月经不调、头痛等症。

二十六骑在马上，以廋词一问一答，听到的人都不知道他们说的是什么。若问：'廋词是什么？'答：'就是隐语。'《论语》不就有人焉廋哉一语吗，'人焉廋哉，就是这个意思。'"以上都是《嘉话》里的话。据我看，《春秋传》说："范文子那天很晚才退朝，他父亲范武子问他：'怎么这么晚才回来？'他回答：'有一个秦国使者在朝中说廋词，卿大夫们都对不上来，我还懂得几句。'"《左传》上还说："楚国贤大夫申叔时问还无社：'有麦麴吗？有山鞠藭吗？'"因为这两种东西都有抵御湿气的功用，这么说是想让无社到井里避难。虽然"廋"这个字原来出于《论语》，可是它的含义还是应当以《春秋传》为依据。苏东坡和王定国诗云："巧语屡曾遭薏苡，廋诗聊复托芎藭。"

鸱夷子皮

王观国①《学林新编》②论"鸱夷子"，引《史记·伍子胥传》③及应劭④《注》⑤、及《前汉·食货志》⑥颜师

---

① 王观国：宋长沙人，曾任宁化知事。所撰《学林》以详恰精核见称。

② 《学林新编》：《学林》，共十卷。

③ 《史记·伍子胥传》：二十四史之一。汉司马迁撰。原名《太史公书》，是我国第一部通史，记载了远古到汉武帝时的历史。

④ 应劭：东汉官吏、学者。字仲远。著有《汉官仪》《风俗通义》等。

⑤ 《注》：指应劭所撰《汉书集解》，已佚。唐颜师古注《汉书》多有征引。

⑥ 《前汉·食货志》：《前汉》即《汉书》，以与南朝范晔所撰《后汉书》相区别。《汉书》为后汉班固撰，记录西汉史实，为我国第一部纪传体断代史。《食货志》为其中两卷，主要记述各地物产。

古①《注》②云:"自号鸱夷者,言若盛酒之鸱夷③,多所容受而可卷怀,与时张弛也。鸱夷皮④之所为,故曰子皮。"又引《陈遵传》⑤载杨雄⑥《酒箴》曰:"鸱夷滑稽⑦,腹大如壶。"然则范蠡⑧自号"鸱夷子皮",又号陶朱公,托鄙名以自晦⑨其迹耳。以上皆王说。予按,《墨子》⑩曰:"孔子⑪怒景公⑫之不封己,乃树鸱夷子皮于田常⑬之门。"

---

① 颜师古:唐朝学者(公元581—645年),名籀,为颜之推之后。官中书侍郎,撰《五经定本》,作《汉书注》等。

② 《注》:颜师古《汉书注》。

③ 盛酒之鸱(chī)夷:鸱夷为革囊,古时取以盛酒。

④ 鸱夷皮:鸱夷之皮。鸱夷,《史记集解》:"取马革为鸱夷。"

⑤ 《陈遵传》:指《汉书·陈遵传》。

⑥ 杨雄:一作扬雄(公元前53—公元18年),西汉著名辞赋家、哲学家、语言学家。字子云,成都人。曾仿《论语》作《法言》,仿《易经》作《太玄》,另有《训纂编》《方言》等。

⑦ 滑(gǔ)稽(jī):古代汲酒的器具,使酒不断外流。

⑧ 范蠡(lǐ):春秋时楚国人。曾助越王勾践灭吴国。后游齐国,改名鸱夷子皮,以经商致富,号陶朱公。

⑨ 晦(huì):隐晦,不显著。这里有遮掩之意。

⑩ 《墨子》:书名。是战国时期墨家学派的著作总集,现存五十三篇。

⑪ 孔子:名丘(公元前551—前479年),字仲尼,春秋末鲁国人。春秋时代思想家,教育家,儒家学派的创始人。主要思想言论记录在《论语》一书中。

⑫ 景公:齐景公(?—公元前490年),名姜杵臼,春秋时齐国国君。

⑬ 田常:春秋时齐国正卿。即田成子,一作陈恒、陈成子。杀齐简公,三传之后代齐。

《孔丛子》①尝作《诘墨》②曰："夫树人，为信己也。孔子适齐③，恶④陈常⑤之终不见，常病之⑥。又陈常弑其君⑦，孔子沐浴而朝，请讨之⑧。其终不树子皮审⑨矣。"此《孔丛子》辩孔子不树子皮之义也。以是知"鸱夷子皮"又见于孔子，不独范蠡也。

【译】王观国《学林新编》论及"鸱夷子"问题，援引《史记·伍子胥传》及应劭《注》，还有《汉书·食货志》颜师古《注》中说："自称为鸱夷的人，是说像盛酒的鸱夷（皮袋），装得多而且可以折叠放置，随时都可打开和收起来。由于是鸱夷皮做成的，所以叫子皮。"又引证《汉书·陈遵传》记载的杨雄《酒箴》："鸱夷滑稽，腹大如壶。"不过范蠡自称"鸱夷子皮"，又称陶朱公，是托言卑贱的名号用以掩盖自己的真实面目。以上都是王观国所说。我认为，《墨子》中说："孔子因怨恨齐景公不给自己封

---

① 《孔丛子》：书名。旧题陈胜博士孔鲋撰，共二十一篇，末附《连丛子》二篇三卷，题汉孔臧撰。皆为后人依讬之书。

② 《诘（jié）墨》：《孔丛子》卷六中之一篇。诘，责问。

③ 齐：指齐国，周代诸侯国。战国时为七雄之一。

④ 恶（wù）：讨厌，憎恨。

⑤ 陈常：上文所说的田常。

⑥ 常病之：经常对此很忧虑。病，担心，忧虑。

⑦ 陈常弑其君：田常杀齐简公。

⑧ 请讨之：请求讨伐他（指陈常）。

⑨ 审：明白，清楚。《新唐书·元儋传》："当局者迷，旁观者审。"

地，于是就把鸱夷子皮挂到田常家门口。"《孔丛子·诘墨》则说："给人挂鸱夷子皮，为的是昭示自己的心迹。孔子到齐国后，憎恨田常始终没有会见他，时常很忧虑。后来田常杀了他的国君，孔子洗了澡上朝，请求讨伐田常。他并没有给田常挂鸱夷子皮是十分清楚的。"这是《孔丛子》辩解孔子并不曾有挂鸱夷子皮的事。由此可知，"鸱夷子皮"不仅见于范蠡的自称，而且与孔子也有关。

浴处挂壶于门

今所在浴处①，必挂壶于门，或不知其始。按，《周礼》②："挈壶氏③，掌挈壶以令军井。"郑司农④注曰："谓为军穿井，井成，挈壶悬其上，令军中士众皆望见，知此下有井。壶所以盛饮，故以壶表井。"又别注曰："挈，读如挈发⑤之挈。壶，盛水器也。"乃知俚俗⑥所为，亦有所本。

【译】现在凡作为洗澡的场所，都在门上挂一个壶，过去不知是怎么个来由。按，《周礼》有"挈壶氏，掌挈壶以

---

① 浴处：洗澡的场所。

② 《周礼》：传为周公所作，可能是战国时的作品。又称《周官》或《周官经》，儒家经典之一，书中所述为周王室官制及战国各国制度，有些并未实行。

③ 挈壶氏：掌漏刻之官。从唐至清代都有"挈壶正"。

④ 郑司农：郑众，东汉开封人，字仲司。章帝时为大司农之职，经学家称郑司农，后称"先郑"，以别于郑玄"后郑"。

⑤ 挈（qiè）发：提起头发。挈，举起，提起。

⑥ 俚俗：民间习俗。俚，民间的，通俗的。

令军井"的记载。郑司农对此注释是："意为军中掘井，井掘成后，就在上方悬挂一个壶，使军中的所有人都能望见，知道壶下有井。壶是用于盛饮料的，所以用壶来作为井的标志。"他还有注说："挈，读作挈发之挈。壶，是盛水的器具。"由此才知民间传统的一些做法，都有它的根据所在。

脍残鱼

《太平广记》载《洛阳伽蓝记》①云："晋宝誌②尝于台城③对梁武帝④喫⑤脍⑥。食讫⑦，武帝曰：'朕⑧不知味二十余年矣，师何云耳？'誌公乃吐出小鱼，依依鳞尾。如今秣

---

① 《洛阳伽蓝记》：书名，后魏杨衒之撰，共五卷，记述当时洛阳旧闻故迹。其文秾丽秀逸，繁而不厌，在文学史上占有很重要的位置。

② 宝誌：释宝，俗名誌公。见《南史·隐逸下》。

③ 台城：东晋、南朝台省（中央政府）和宫殿所在地，故名。故址在今江苏南京市鸡鸣山南乾河沿北。

④ 梁武帝：萧衍（公元464—549年），南朝梁的建立者。字叔达，小字练儿。今存《梁武帝御制集》，为明人辑本。

⑤ 喫（chī）：吃。喫在古时不能写作"吃"。

⑥ 脍：细切的肉和鱼。

⑦ 食讫：吃毕。

⑧ 朕（zhèn）：第一人称代称。秦始皇以后专用为皇帝的自称。

陵①尚有脍残鱼②也。"予按，越王勾践③之保会稽④，方斫⑤鱼为脍，闻吴兵，弃其余于江，化而为鱼，犹作脍形也，故名"脍残鱼"，亦曰"王余鱼"。以是知脍残鱼不始于誌公。又《博物志》⑥曰："孙权⑦曾以行食脍，有余，因弃之中流，化而为鱼。今有鱼犹名'吴余脍'者，长数寸，大如箸⑧，尚类脍形也。"《吴都赋》⑨曰："片则王余⑩"，王逸⑪注曰："王余鱼，其身半也。俗云：越王脍鱼未尽，因以其半弃之，为鱼，遂为一面，故曰王余也。"

【译】《太平广记》引《洛阳伽蓝记》说："晋宝誌曾在台城同梁武帝一起吃脍。食毕，武帝说：'我有二十多年没吃到这东西了，师以为如何？'宝誌吐出嘴里的鱼丝，

---

① 秣（mò）陵：今江苏南京在秦始皇时置为秣陵县，这里泛指秣陵一带。

② 脍残鱼：今银鱼，身圆而纤细，洁白无鳞。其形如面条，又称为"面条鱼"。

③ 越王勾践：春秋末越国国君（？—公元前465年）。为吴国所败后卧薪尝胆，十年生聚，终至公元前473年一举灭吴，称霸一时。

④ 会（kuài）稽：会稽山，在今浙江中部绍兴、嵊县、诸暨、东阳之间。越王勾践为吴所败，退居于此。

⑤ 斫（zhuó）：用刀斧砍。

⑥ 《博物志》：西晋张华撰，共十卷。此处引文不是原文。

⑦ 孙权（公元182—252年）：三国时吴国建立者，字仲谋。死后追尊为吴大帝。

⑧ 箸（zhù）：筷子。

⑨ 《吴都赋》：西晋文学家左思作，《三都赋》之一。吴都指今江苏苏州。

⑩ 片则王余：原文"双则比目，片则王余"，指比目鱼和银鱼。

⑪ 王逸：东汉文学家。字叔师，南郡宜城（今湖北宜城）人。顺帝时为侍中。著有《楚辞章句》等。

变成一条条摇头摆尾的小鱼。如今秣陵还有这种脍残鱼。"我认为：越王勾践被吴打败退保会稽山，正在切鱼做脍的时候，听说有吴国兵将，就把剩余的脍倒在江里，变成鱼形，同脍的形状一样，所以叫作"脍残鱼"，也叫"王余鱼"。由此可知脍残鱼并不始于晋宝誌。又见张华《博物志》记载："孙权曾在行船时食脍，没有吃完，就倒在了江中，结果变成了一条条鱼。现在还有一种鱼叫'吴余脍'的，长数寸，像筷子般大小，还有点像脍的形状。"《吴都赋》有"片则王余"一语，王逸注说："王余鱼，只有半个身子。传说是越王的脍鱼没吃完，因为丢掉的是半边，所以变成鱼后就成了半个身子，因此叫作王余。"

盐豉①

盐豉，古来未有也。《礼记·内则》炮豚②之法云："调之以醯③醢④。"《尚书·说命篇》⑤："若作和羹，尔

---

① 盐豉：今之豆豉，用豆类泡透蒸熟发酵腌成。古时用以调和食品，如现在用的酱油。
② 炮豚：烧仔猪。豚，小猪，也泛指猪。
③ 醯（xī）：醋。
④ 醢（hǎi）：古代用肉、鱼等制成的酱。
⑤ 《尚书·说命篇》：《尚书》系十三经之一，又称《书经》。相传由孔子编删而成，部分由后世补作。本书保存了商周尤其是西周初期的一些重要史料。

惟盐梅①。"《左传》:"晏子②曰:'水火醯醢盐梅,以烹鱼肉。'"是古人调鼎③用梅醢也。而言不及豉,古人未有豉也,止用酱耳。《礼记·内则》《楚辞·招魂》④备论⑤饮食,而言不及豉。史游⑥《急就篇》⑦乃有"芜荑⑧盐豉"。《史记·货殖传》⑨曰:"蘖麹⑩盐豉千合⑪。"及

---

① 若作和羹,尔惟盐梅:若做汤羹之时,你一定要想到盐和梅。这是商汤命傅说为相时说的话。意思是说傅为国家不可少的人才。惟,思。盐梅,咸盐与酸梅。

② 晏子:晏婴(?—公元前500年),春秋齐国正卿。字平仲,夷维(今山东高密)人。战国时人集其言行,编成《晏子春秋》八卷。

③ 调鼎:烹调食物的意思,转作宰相治理国家之意。《旧唐书·裴度传》:"果闻勿药之喜,更俟调鼎之功。"

④ 《楚辞·招魂》:《楚辞》为我国古代一部诗歌总集,西汉刘向辑,收入战国屈原及汉人辞赋。全书以屈原作品为主,作品具有楚地文学特色,故名《楚辞》。《招魂》为其中一篇,作者有屈原、宋玉和刘安等说,不可定。

⑤ 备论:齐备的论说。备,齐、全、完备。

⑥ 史游:汉元帝时人,官黄门令。

⑦ 《急就篇》:又作《急就章》。自始至终无一复字,本为当时儿童识字课本,但文词深奥。

⑧ 芜荑:又名无夷、山榆子等,为大果榆果实加工而成,味臭。主杀虫、消积,治小儿疳泻及疥癣等。

⑨ 《史记·货殖传》:《史记·货殖列传》。

⑩ 蘖(niè)麹:蘖,指蘖米,水浸米使生芽,曝干取米磨面。见《本草》。蘖麹,应即指此。

⑪ 合(gě):容量单位。《汉书·律历志》:"十合为升。"合又写作"荅(dá,dā)"。

《三辅决录》①曰:"前队大夫范仲公②,盐豉蒜果③共一筩④。"盖秦汉已来,始为之耳。

【译】盐豉,古时还没有它。《礼记·内则》所记的炮豚方法说要"调之以醯醢"。《尚书·说命篇》有"若作和羹,尔惟盐梅"一语。《左传》记有晏子说的"水火醯醢盐梅,以烹鱼肉"的话。可见古人烹饪时要使用梅、醯。可是这里都没有说到豉,说明古人没有发明豉,只用酱作调料。《礼记·内则》《楚辞·招魂》都很全面地谈到了饮食,可都没提到豉。汉代史游作《急就篇》,有"芜荑盐豉"一语。《史记·货殖列传》有"蘖麹盐豉千合"的记载。还有《三辅决录》说:"前队大夫范仲公,盐豉蒜果共一筩。"这些都表明自秦汉时起,才开始制作盐豉。

羹

(音郎)

王观国《学林新编》云:"《史记》《前汉》⑤:'羹颉侯刘信⑥。'颍川⑦地名不羹⑧者,羹音'郎'。《春

---

① 《三辅决录》:汉赵岐撰,晋人挚虞作注,共二卷。今存清人辑本。
② 范仲公:人名。
③ 蒜果:大蒜。这里指的是盐蒜。
④ 筩(tǒng):竹制容器,今作"筒"。
⑤ 《前汉》:班固所撰《汉书》。
⑥ 刘信:为汉高祖兄之子,封为羹颉侯,高后时削为关内侯。
⑦ 颍川:郡名,以颍水得名。治所在阳翟(今河南禹州)。
⑧ 不羹(láng):古城名。春秋楚地,有东西两城。

秋·昭公十二年左传》①：'今我大城陈、蔡②、不羹。'陆德明③《音义》④曰：'羹，音郎。'《前汉·地理志》：'颍川郡定陵县⑤有东不羹⑥，襄城⑦有西不羹⑧。'颜师古曰：'羹音郎。'羹音郎者，自古所呼如此。宋玉⑨《招魂》⑩曰：'肥牛腱臑若芳⑪，和酸若苦陈吴羹⑫。'以音韵协⑬之，亦读羹为'郎'。"已上皆王说。予按，古者羹、臛⑭之字音皆为'郎'，不止宋玉《招魂》也。故《鲁颂·閟宫》⑮与史游《急就章》，羹与房、浆、糠为韵。至

---

① 《春秋·昭公十二年左传》：《春秋左传·昭公十二年》。

② 陈、蔡：古城名。原为诸侯国，为楚所灭。城在今河南淮阳、新蔡。

③ 陆德明：隋、唐间经学家。名元朗（约公元550—630年），苏州人。任唐国子博士，撰《经典释文》三十卷等。

④ 《音义》：《陆氏三传释文音义》，共十六卷。

⑤ 定陵县：西汉置，在今河南郾城西北。北魏时改名为北舞阳县。

⑥ 东不羹：春秋楚城，在今河南舞阳西北。

⑦ 襄城：今河南襄城县地。

⑧ 西不羹：春秋楚城，在今河南襄城东南。

⑨ 宋玉：战国时文学家。楚国人，通晓辞赋音律。今存模拟屈赋的《九辩》《招魂》。

⑩ 《招魂》：《楚辞》中重要的一篇，或以为屈原所作。

⑪ 肥牛腱臑（ér）若芳：原作"肥牛之腱臑若芳些"，意为牛蹄筋炖烂散发出香味。腱，牛蹄筋。臑，炖烂。

⑫ 和酸若苦陈吴羹：陈列着又酸又苦的具有吴国风味的羹。

⑬ 协：和，合。

⑭ 臛：肉羹。

⑮ 《鲁颂·閟宫》：《诗经》之一篇。

于不以羹为"郎"者，孔颖达①云："近世以来方如此"，不知又何也？

【译】王观国《学林新编》说："《史记》《汉书》记有'羹颉侯刘信'这个人。颍川郡有地名叫不羹的，羹读音为'郎'。《春秋·昭公十二年》有'今我大城陈、蔡、不羹'一语。陆德明的《陆式三传释文音义》中说：'羹，读音为郎。'《汉书·地理志》记'颍川郡定陵县有东不羹城，襄城有西不羹城'。颜师古注说：'羹读音为郎。'羹音为郎，自古读音都是如此。宋玉的《招魂》有'肥牛腱臑若芳，和酸若苦陈吴羹'一语，从音韵学角度看，也应读羹为'郎'。"以上都是王观国所说。我以为，古时羹、臛二字读音均为'郎'，不只见于宋玉的《招魂》。《鲁颂·閟宫》和史游的《急就章》，所见羹与房、浆、糠字为韵。至于不把羹读为"郎"的问题，孔颖达说："近世以来才这样念"，不知又是何种原因才产生了这种变化？

---

① 孔颖达：唐朝学者。字冲远（公元574—648年），冀州衡水（今河北衡水）人，官至国子监祭酒。曾与魏征等撰《隋史》，又与颜师古等撰《五经正义》一百八十卷。

卷二 事始

（选九条）

增谷价

范蜀公①记范文正②治杭州，二浙③阻饥④，谷价方涌⑤，斗钱百二十⑥；公遂增至斗百八十，众不知所为。公仍命多出榜沿江，具述杭饥及米价所增之数。于是商贾闻之，晨夜争进，唯恐后，且虞⑦后者继来。米既辐凑⑧，遂减价，还至百二十。包孝肃⑨公守庐州⑩，岁饥，亦不限米价，而商贾载至者遂多，不日米贱。予按，此策本唐卢坦⑪为，宣歙⑫土狭

---

① 范蜀公：范镇（公元1007—1087年），北宋学者。字景仁，成都华阳（今四川成都）人。官户部侍郎，封蜀郡公。
② 范文正：范仲淹（公元989—1052年），北宋大臣、文学家。字希文，苏州人。官参知政事，有《范文正公集》。
③ 二浙：两浙，路名，辖今浙江及江苏东南部，治所在今浙江杭州。
④ 阻饥：饥荒艰难。《书·舜典》："黎民阻饥。"
⑤ 涌：上涨。这里比喻像水往上涌一样。
⑥ 斗钱百二十：一斗米值一百二十钱。
⑦ 虞（yú）：忧虑，担心。
⑧ 辐（fú）凑：车辐条的一头聚集在轴心上。形容人或物聚集在一起。
⑨ 包孝肃：包公包拯（公元999—1062年），北宋官吏。字希仁，庐州合肥（今安徽合肥）人。官至枢密副史，有《包孝肃奏议》。
⑩ 庐州：古州、府名，治所在今安徽合肥。
⑪ 卢坦：唐时洛阳人，字保衡，曾任户部侍郎。
⑫ 宣歙（shè）：宣城郡和歙州，治所在今安徽宣城、歙县。

谷少，所仰①四方之来者。若价贱，则商船不复来，益困②矣。既而米斗价一百，商旅辐辏③，民赖以生。

【译】范镇记述范仲淹治理杭州时，两浙遇到饥荒，谷价开始上涨，一斗米值一百二十钱。于是范公增加到一斗米一百八十钱，人们不知其用意何在。范公还命沿江多多张贴榜文，写上杭州饥荒的程度和米价增长的数目。于是商人们得知消息后，就日夜不停地争相往杭州进发，唯恐自己落了后，而且还担心后面的商人会跟着去。等到米从四方大量运到，就开始降价，退回到一斗一百二十钱。包拯在庐州任职时，有一年发生饥荒，也是不限制米涨价，商人们运去的米越来越多，不几天米价就贱了。我认为，这个办法本是唐代卢坦所出，他在宣城、歙州由于土地不多收成少，需依赖四方运进粮食。如果价钱太贱，商船就不会到这里，那会越发艰难。后来米价为一斗一百钱，商人们蜂拥而来，人民由此而维持生存。

禁杀牛

《南史》："梁傅昭④性尤笃谨⑤，子妇⑥家常得饷⑦牛肉

---

① 仰：依赖。

② 益困：更加困难。益，越发。

③ 商旅辐辏：四方商队汇拢一处。辐辏，同"辐凑"。

④ 傅昭：南朝梁人，字茂远，官金紫光禄大夫。

⑤ 笃（dǔ）谨：谨慎之至。笃，忠实；专心。

⑥ 子妇：儿媳。

⑦ 饷（xiǎng）：馈送。《孟子·滕文公》："有童子以黍肉饷。"

以进昭。昭召其子曰：'食之则犯法，告之则不可，取而埋之①。'"乃知牛之禁杀，自梁②已然矣。

【译】《南史》说："梁人傅昭生性特别谨慎，儿媳经常能得到人家馈送的牛肉，送给傅昭吃时，他对儿子说：'吃了就会犯法，告发也不行，只有拿去埋掉。'"由此得知禁止杀牛的规定，从梁时就已经有了。

一顿食

食可以言"一顿"。《世说》③："罗友④尝伺⑤人祠⑥，欲乞食。主人迎神⑦出，曰：'何得在此？'答曰：'闻卿⑧祠⑨，欲乞一顿食耳。'"

【译】饭可以说"一顿"。《世说新语》记载："罗友曾在人家祠堂门前窥伺，想讨点吃的。主人迎神仪式完毕出门看见他问：'在这里干什么？'罗友回答：'听说您在举

---

① 食之则犯法，告之则不可，取而埋之：载《南史·傅昭传》。

② 梁：南北朝时南朝之一，萧衍灭南齐后建立，都建康（今江苏南京）。国号梁，也称萧梁，为陈所灭。

③ 《世说》：《世说新语》，始名《世说新书》，共八卷。南朝宋临川王刘义庆撰，记汉末至东晋间士大夫的言行风貌，逸事琐语，文字简练生动。

④ 罗友：人名。

⑤ 伺（sì）：侦候，探察，候望。

⑥ 祠：祠堂，古时同姓族人供奉祖宗和有功德人的处所。

⑦ 迎神：祭仪之一。

⑧ 卿：对人表示亲热的称呼。又为古爵位名，在公之下，大夫之上。

⑨ 祠：这里为祭祀之意。

行祭仪，不过是想来讨一顿饭吃。'"

俗骂"客作"

江西俚俗骂人，有曰"客作儿[1]"。按，陈从易[2]《寄荔[3]与盛参政[4]诗》云："樱桃[5]真小子，龙眼[6]是凡姿。橄榄[7]为下辈，枇杷[8]客作儿。"盛问其说，云："樱桃味酸，小子也。龙眼无文采[9]，凡姿也。橄榄初涩后甘，下辈也。枇杷核大肉少，客作儿也"。凡言"客作儿"者，佣夫[10]也。

【译】江西乡下骂人的话中，有一个词为"客作儿"。按，陈从易的《寄荔与盛参政诗》记载："樱桃真小子，龙眼是凡姿。橄榄为下辈，枇杷客作儿。"盛参政问其中的意思，陈从易说："樱花味道是酸的，寓'小子'之意。龙眼没有什么漂亮的色彩，寓'凡姿'之意。橄榄果先涩后甜，寓'下辈'之意。枇杷核很大肉很少，寓'客作儿'之

---

[1] 客作儿：客作，即佣工。《后汉书·高士传》记载，夏馥自己剪须且变服易形，入林虑山中为冶工客作（铸造金属器物的佣工）。

[2] 陈从易：人名。

[3] 荔：荔枝，常绿乔木，果实多汁，味甜。

[4] 盛参政：盛某人，参政为官名，即参知政事。

[5] 樱桃：落叶乔木，果为核果，红色。

[6] 龙眼：也叫桂圆，常绿乔木。果实球形，果肉多汁味甜。

[7] 橄榄：也叫青果，常绿乔木。核果，食用，亦入药。

[8] 枇杷：常绿小乔木。果实圆形，黄色，味甜。

[9] 文采：华丽的色彩。引指文章的语言优美，今又指文艺方面的才华。

[10] 佣夫：被雇用的人。

意。"凡被说是"客作儿"的人,就是佣夫。

点心

世俗例以早晨小食①为"点心",自唐时已有此语。按,唐郑傪②为江淮留后③,家人备夫人晨馔④,夫人顾⑤其弟曰:"治妆⑥未毕,我未及餐,尔且可点心。"其弟举瓯⑦已罄⑧。俄而⑨女仆请饭库钥匙,备夫人点心。傪诟⑩曰:"适⑪已给了,何得又清。"云云⑫。

【译】习惯上把早晨的小食称作"点心",自唐代就有了这个说法。按,唐朝郑傪为江淮留后的时候,家人为他夫人准备早饭,夫人对她弟弟说:"我梳妆还没结束,来不及进餐,你就吃点点心吧。"她的弟弟拿起点心盒一下子就吃了个精光。正巧女仆来要饭库的钥匙,说是要给夫

---

① 小食:俗称"点心"。《梁书·昭明太子传》:"京师谷贵,改常馔为小食。"《搜神记》:"管辂谓赵颜曰:'吾卯日小食时,必至君家。'"
② 郑傪(cān càn):人名。
③ 留后:官名。为留守代职之意。后改称承宣使。
④ 晨馔(zhuàn):早饭,早点。馔,饭食。
⑤ 顾:回头看,泛指看。
⑥ 治妆:梳妆。
⑦ 瓯(ōu):小盆,杯子。
⑧ 罄(qìng):完,尽。
⑨ 俄而:一会儿;突然间。
⑩ 诟(gòu):耻辱,辱骂。
⑪ 适:刚才,适才。
⑫ 云云:如此,这样,指说话、引用文句时表示结束或有所省略。

人准备点心。郑修骂骂咧咧地说:"刚才已经给了,怎么又来要。"……

寺立观音①像

天下寺立观音像,盖本于唐文宗②好嗜蛤蜊。一日,御馔③中有擘④不开者,帝以为异⑤。因焚香祝⑥之,乃开。即见菩萨形,梵相具足⑦。遂贮以金粟檀香盒⑧,覆以美锦,赐兴善寺⑨。乃敕⑩天下寺,各立观音像。

【译】天下寺庙内立观音像,与唐文宗李昂喜好吃蛤蜊有关。有一天,御膳中有一个蛤蜊怎么也掰不开,这位皇帝感到很惊异,于是焚香祝祷,蛤蜊才得以打开。打开后就看见里面的蛤蜊肉像菩萨模样,五官都很清楚。于是就把这蛤蜊装在一个用黄金装饰的檀香木盒子里,外面又盖上一层美丽的锦缎,赐给了兴善寺。接着又命全国的寺院,都立起了

---

① 观音:也叫观音大士,佛教菩萨之一。原称"观世音",唐时为避太宗李世民讳,改称观音。

② 唐文宗:李昂(公元809—840年),唐穆宗第二子。公元827—840年在位。

③ 御馔:御膳,皇帝所用的食物。

④ 擘(bāi):分裂,用手把东西分开,同"掰"。

⑤ 异:奇怪,惊异。

⑥ 祝:祝祷,祷告。

⑦ 梵相具足:菩萨的相貌完备清楚。梵,意为寂静,高净,与佛有关的皆可言梵,如佛寺称"梵刹"。具足,圆满齐全。佛家语。

⑧ 金粟檀香盒:以金为饰的檀香木盒。

⑨ 兴善寺:古寺院。

⑩ 敕(chì):古代指皇帝颁发的命令,敕命。

观音菩萨像。

百合治病

《本草图经》①"百合"一条，引张仲景②："治病有百合知母汤③、百合滑石代赭汤④、百合鸡子汤⑤、百合地黄汤⑥，凡四方，并名百合。而用百合治之，不识其义。"余按，王原叔⑦内翰⑧云："医药治病，或以意类取。至如百合治病，似取其名。呕血⑨用胭脂红花⑩，似取其色。淋沥滞结⑪，则以灯心⑫、木通⑬，似取其类。意类相假⑭，变化感

---

① 《本草图经》：撰者不详。

② 张仲景：东汉医学家。名机（公元150—219年），南阳（今河南南阳）人。撰《伤寒杂病论》，经后人整理为《伤寒论》和《金匮要略》两部。

③ 百合知母汤：药方。百合，多年生草本植物，地下有鳞茎，肉质肥厚，可食用或入药。知母，又名地参，属百合科，根茎可入药。

④ 百合滑石代赭汤：药方。滑石，硬度最小的矿物之一，可入药。

⑤ 百合鸡子汤：药方。鸡子，鸡蛋。

⑥ 百合地黄汤：药方。地黄，多年生草本植物。根茎肥大，叫生地，能清热凉血；加工后叫熟地，为滋养强壮剂。

⑦ 王原叔：人名。

⑧ 内翰：宋代称翰林为内翰。

⑨ 呕血：吐血。

⑩ 胭脂红花：制作化妆品胭脂的红花。

⑪ 淋沥滞结：病症。淋沥指小便淋沥不尽，尿频而少，男性尿时作痛。滞结，大便频而难泄。

⑫ 灯心：灯心草，多年生草本。茎中有白瓤，可做灯芯，故名。又名灯草。

⑬ 木通：又名山通草，野木瓜。浆果可食用，蔓茎药用有利尿通乳的功效。

⑭ 意类相假：同类的东西相互借助。假，借，凭借。

通,不可不知其旨①也。"以是知《图经》②论药,尚不能如原叔。

【译】《本草图经》内"百合"一条,引述汉代张仲景的话说:"治病的药方中有百合知母汤、百合滑石代赭汤、百合鸡子汤、百合地黄汤,这四个方子,都以百合为名,而以百合来治病,不知它的用途怎样。"按,内翰王原叔说:"医药治病,有的是根据以意类取的原则。比如用百合入药治病,似乎就是取其名而已。吐血使用胭脂红花,似乎是取其红色。淋沥滞结,要用灯心草和木通,似乎是取其意。取其意类相互作用,变化感通,不可不知这其中的奥妙所在。"由此可知《本草图经》论药物的原理,还比不上内翰王原叔高明。

鹘突③

鹘突二字,当用糊涂。盖以糊涂之义,取其不分晓也。按,吕原明《家塾记》④云:"太宗⑤欲相吕正惠⑥公,左右

---

① 旨:意义,目的。

② 《图经》:《本草图经》。

③ 鹘(hú)突:糊涂。又为馄饨别名,见《通雅·饮食》。

④ 吕原明《家塾记》:未见刊本。宋吕原明仅有《岁时杂记》一卷行世。本文所引参见《宋史·吕端传》。

⑤ 太宗:宋太宗赵匡义(公元939—997年),公元976—997年在位。

⑥ 吕正惠:吕端(公元935—1000年),字易直,幽州安次(今河北安次)人。公元995年继吕蒙正为相,不久让相位于寇准。

或曰：'吕端之①为人糊涂。'（自注云：读为鹘突）帝曰：'端小事糊涂，大事不糊涂。'决意相之。"今《食医心镜》②治脾胃气冷，不能下食，虚弱无力，有鹘突羹，用鲫鱼③半斤，细切起作脍，沸豉汁热，投之，著胡椒④、干姜、莳萝⑤、桔皮等末，空腹食之。乃作此"鹘突"字，非也。

【译】鹘突这两个字，当用于糊涂的意思。因为糊涂的含义，就是取它不分晓的意思。按，吕原明《家塾记》记载："太宗想命吕正惠为宰相，左右有人对他说：'这个吕正惠办事糊涂。'（自注说：糊涂读为鹘突）太宗皇帝说：'别看他小事糊涂，可大事不糊涂。'于是决意叫他为相。"当今《食医心镜》治脾胃气冷，不能进食，身体虚弱无力的病症，有偏方鹘突羹。做法是：用鲫鱼半斤，切成细丝做脍，趁热投到烧沸的豆豉汁中，再放上胡椒、干姜、莳萝、橘皮等粉末，空腹吃下。这里写作"鹘突"两个字，是不对的。

---

① 吕端之：吕正惠。

② 《食医心镜》：唐代昝（zǎn）殷撰，一卷。

③ 鲫鱼：体侧扁，背脊隆起，长可达20多厘米，头小。是我国主要的食用鱼类之一。

④ 胡椒：原产印度，果实味辣而香，研粉可食，并可入药。

⑤ 莳（shí）萝：多年生草本，本产波斯。子大如黍粒，气味芳辛，用以调味，可入药。

饮席酹酒①之始

饮席酹酒之始。唐仆射②孙会宗③集内外亲表④开宴，有一甥侄、间⑤朝官后至。及中门，见绯衣⑥官人衣襟前皆是酒渍⑦，咄咄⑧而出，不相识。洎⑨即席，说于主人，咸讶⑩无此官。沉思之，乃是行酒时于阶上酹酒，草草倾泼也。自此每酹酒，令侧身恭跪，一酹而已，自孙氏始也。今人三酹⑪，非也。出《北梦琐言》⑫。

【译】酒宴酹酒的起源。唐代仆射孙会宗邀集内外亲戚朋友赴宴，内中有一甥侄夹杂在朝官中间。到了中门，看到一个穿红袍的官员衣襟前有很多酒痕，呵斥着走了出去，不认识。到上席的时候，把这事告诉主人，都很诧异，认为不会有这样的官员。等到静下心一想，认为是行

---

① 酹（lèi）酒：把酒洒在地上表示祭奠。《通俗编》："酹酒之制，仿自古祼礼。"见《同礼·大行人》。

② 仆射：官名。唐宋左右仆射为宰相之任，佐天子议大政。

③ 孙会宗：人名。

④ 亲表：表亲，外姻曰表，如姑表、舅表、姨表。

⑤ 间：夹杂其间。

⑥ 绯（fēi）衣：红袍。绯，红色。

⑦ 酒渍（wò）：酒痕。渍，弄脏。

⑧ 咄咄（duō）：表示惊讶的声音。咄，呵斥声。

⑨ 洎（jì）：到，及。

⑩ 咸讶：都很诧异。讶，惊奇，诧异。

⑪ 三酹：酹酒三杯。

⑫ 《北梦琐言》：共二十卷，宋孙光宪撰。

酒时，在台阶上酹酒，不小心把酒洒在了身上。自此以后凡是酹酒，就叫侧身恭恭敬敬跪在地上，酹一次就完了。这是从孙会宗才开始的。现在的人要三酹，这并不妥。出自孙光宪的《北梦琐言》。

卷三　辨误

（选三条）

束脩[①]义

束脩，其义不一。《论语》曰："自行束脩以上，吾未尝无诲焉[②]。"前人多引《礼》[③]："男执玉帛禽鸟，女执榛栗枣脩[④]。"以为束脩者，束脯[⑤]也，用束脯以为贽[⑥]尔。余按，杜恕《体论》[⑦]曰："束脩之业，其上在于不言，其次莫如寡知。"又按，《后汉·马援传》[⑧]注云："男子十五以上，谓之束脩"，不可以"束脩之问不出境"一概论也。《檀弓》[⑨]云："古之大夫，束脩之问不出境。"乃知以束

---

① 束脩（xiū）：扎成一捆的干肉，是古时学生送给老师的酬礼。脩，干肉，干燥的东西亦谓之脩。

② 自行束脩以上，吾未尝无诲焉：载《论语·述而》。这里的束脩一般理解为礼物干肉。也可能如后文所说是指十五岁这个年龄。大意是：遇到十五岁以上的人，我没有不教诲的。

③ 《礼》：《礼记》。

④ 男执玉帛禽鸟，女执榛栗枣脩：作者此处可能有误。引文载《左传》，见庄公二十四年。枣脩，枣子与肉脯。

⑤ 脯：干肉。俗称果干为脯，果脯。

⑥ 贽（zhì）：古代初次拜见长辈或地位高的人所送的礼物。

⑦ 杜恕《体论》：杜恕，北魏人。所撰《体论》已佚，现存清人王仁俊辑本一卷。

⑧ 《后汉·马援传》：《后汉书·马援传》。

⑨ 《檀弓》：《礼记》之一篇，分上下两篇。

脩为"束脯"者非是。后汉杜诗①荐伏湛②曰："自行束脩，说无毁玷③"，注："自行束脩，谓年十五以上。"《延笃传》④注："束脩，谓束带脩饰⑤。"

【译】束脩，其义说法不一。《论语·述而》记载："自行束脩以上，吾未尝无诲焉。"前人多引述《礼记》："男执玉帛禽鸟，女执榛栗枣脩"一语，认为束脩就是束脯，用束脯作为礼物。我认为，杜恕《体论》记载："束脩之业，其上在于不言，其次莫如寡知。"又按，《后汉书·马援传》注说："男子十五以上，谓之束脩"，不能用"束脩之问不出境"一概而论。《礼记·檀弓》记载："古之大夫，束脩之问不出境。"由此可知认为束脩是"束脯"的说法是不对的。东汉人杜诗荐举伏湛说："自行束脩，说无毁玷"，注为："自行束脩，谓年龄在十五岁以上。"《后汉书·延笃传》注有言："束脩，谓束带修饰。"

蒸壶似蒸鸭

东坡《岐亭汁字韵诗》："不见卢怀慎⑥，蒸壶似蒸

---

① 杜诗：东汉官吏。字君公（？—公元38年），官至南阳太守。

② 伏湛：人名。

③ 毁玷：诽谤诬陷。

④ 《延笃传》：载《后汉书》。原文为："且吾自束脩以来，为人臣不陷于不忠，为人子不陷于不孝。"

⑤ 脩饰：修饰。

⑥ 卢怀慎：唐滑州（今河南滑县东旧滑县）人。曾任黄门监。

鸭。坐客皆忍笑,髡然发其幂①。"按,《太平广记》载《卢氏杂说》②:"郑余庆③与人会食。日高,众客嚣然④。呼左右曰:'烂蒸去毛,莫拗折项⑤。'诸人相顾,以为必蒸鹅鸭。良久就餐,每人前下粟米饭一碗,蒸葫芦一枚。余庆餐尽,诸人强进而罢。"然则"蒸壶似蒸鸭",乃郑余庆,非怀慎也。岂东坡偶忘之耶?

【译】苏东坡《岐亭汁字韵诗》写道:"不见卢怀慎,蒸壶似蒸鸭。坐客皆忍笑,髡然发其幂。"按,《太平广记》所引《卢氏杂说》为:"郑余庆招待客人赴宴。太阳都升得老高了,客人们都喧哗起来。郑对手下的人说:'蒸烂一点,把毛去掉,别把脖子扭折了。'客人们你看我,我看你,以为必定蒸的是鹅、鸭之类。好一会儿后就餐,但见每人面前摆了一碗小米饭,还有一个蒸葫芦。郑余庆很快就吃个精光,客人们都是强咽下去了事。"可见"蒸壶似蒸鸭",是郑余庆所为,并不是卢怀慎。难道是苏东坡一时忘记了吗?

---

① 髡(kūn)然发其幂(mì):突然揭开了食器上的巾。髡,剃光头发,这里有挖苦之意。幂,古代覆盖石器的巾。

② 《卢氏杂说》:共一卷,唐代卢言撰。

③ 郑余庆:人名。

④ 嚣(xiāo)然:喧哗,嘈杂。

⑤ 项:颈。

曲名《荔枝香》

《唐书·礼乐志》："帝①幸骊山②。杨贵妃③生日，命小部④张乐⑤长生殿⑥。因奏新曲，未有名，会南方进荔枝，因名曰《荔枝香》。"乐史⑦所作《杨妃外传》⑧亦云："新曲未有名，会南海⑨进荔枝，因名焉。"故杜子美⑩《病桔诗》云："忆昔南海使，奔腾献荔枝。百马死山谷，到今耆旧⑪悲。"又《解闷诗》云："先帝贵妃今寂寞，荔枝还复入长安。炎方⑫每续朱缨⑬献，玉座⑭应悲白露团⑮。"按，

---

① 帝：唐玄宗李隆基（公元685—762年），公元712—756年在位。

② 骊山：一作郦山，在陕西临潼县，有唐华清宫故址。

③ 杨贵妃：唐玄宗贵妃，号太真（公元719—756年），蒲州永乐（今山西芮城西南）人。公元755年安禄山叛乱，玄宗西逃四川，被迫缢杀杨贵妃于马嵬驿（今陕西兴平西）佛堂。

④ 小部：又称"小部音声"，梨园中由十五岁以下少年乐工组成的传习、演出团。

⑤ 张乐：奏乐。

⑥ 长生殿：唐宫名。白居易《长恨歌》记其事。

⑦ 乐史：宋宜黄人，字子正。任三馆编修，有《仙洞集》《广卓异记》及《太平寰宇记》。

⑧ 《杨妃外传》：又叫《杨太真外传》，共二卷。记载杨贵妃太真生平事迹。

⑨ 南海：郡名，今广东广州。

⑩ 杜子美：杜甫（公元712—770年），唐朝大诗人，祖籍襄阳，后迁河南巩县。曾任左拾遗和检校工部员外郎，后人称作杜拾遗、杜工部。有《杜少陵集》。

⑪ 耆（qí）旧：耆宿，有名望的老年人。

⑫ 炎方：南方。《吕氏春秋·有始》："南方曰炎天。"

⑬ 朱缨：这里指驿站的马匹。朱缨，本指系马的带子。

⑭ 玉座：帝妃居所。

⑮ 白露团：荔枝肉。荔枝壳如红缯，肉瓤莹白如冰雪。详见白居易《荔枝图序》。

《唐志》①以荔枝贡自南方，《外传》②以荔枝贡自南海，杜诗亦以为南海及炎方，则明皇③时进荔枝自岭表④，明矣。东坡诗乃以"永元荔枝来交州⑤，天宝⑥岁贡取之涪⑦"。张君房⑧《脞说》⑨亦以为忠州⑩，何耶？当有辨其非是者。

【译】《唐书·礼乐志》记载："唐玄宗游幸骊山。那天是杨贵妃的生日，命小部在长生殿奏乐。因为奏的是一首新作的曲子，还没有取名，正巧遇上南方进奉荔枝来了，所以取名为《荔枝香》。"乐史所作的《杨妃外传》也说："新曲没有取名，赶上南海进奉荔枝，因此而取名。"杜甫《病桔诗》写道："忆昔南海使，奔腾献荔枝。百马死山谷，到今耆旧悲。"他还有一首《解闷诗》写道："先帝贵妃今寂寞，荔枝还复入长安。炎方每续朱缨献，玉座应悲白露团。"按，《唐书·礼乐志》说荔枝由南方进贡

---

① 《唐志》：上方提到的《唐书·礼乐志》。

② 《外传》：指上文提到的乐史作的《杨妃外传》。

③ 明皇：唐明皇，指唐玄宗李隆基。

④ 岭表：古地区名，即岭南，五岭以南地区。

⑤ 永元：此似指南朝齐东昏侯萧宝卷年号，公元499—501年。 交州：唐交州地当今越南河内附近一带。

⑥ 天宝：唐玄宗年号之一，公元742—755年。

⑦ 涪（fú）：州名，唐置，治所在涪陵（今四川涪陵）。

⑧ 张君房：人名，宋人。

⑨ 《脞（cuǒ）说》：不见传世。张君房著作尚有《丽情传》及《织女星传》等。

⑩ 忠州：唐改临州置，治所在临江（今四川忠县）。

而来，《杨妃外传》说荔枝由南海进贡而来，杜甫诗也说是南海及南方，可见唐明皇时进奉的荔枝是来自岭南，这一点是很明了。苏东坡诗却说"南朝齐永元年间荔枝来自交州，而唐代天宝年间贡奉的荔枝是来自涪州"。张君房的《脞说》也认为是忠州，不知到底是怎么回事？应该有辨别谁对谁错的证据。

卷四　辨误
（选三条）

桑落酒①

索郎酒者，桑落河②出美酒，讹为"索郎"耳。见郦道元《水经注》③。皮日休④诗云："分明不得同君赏，尽日倾心羡索郎"，全无理意。本朝高若讷《后史补》⑤："河中桑洛坊有井，每至桑落时⑥，取其寒暄得所⑦，以井水酿酒甚佳。乐天⑧诗云：'桑落气熏珠翠暖，柘枝⑨声引管弦高。'号桑落酒，旧京人呼为'索郎'，盖语讹耳。"高说后出，恐或未然也。

---

① 桑落酒：又见《霏雪录》："河东桑落坊有井，每至桑落时，取水酿酒甚美，故名桑落酒。"

② 桑落河：所指不详。据《齐民要术·造酒》记载："十月桑落初冻，收水酿者为上。"当确有此河。

③ 郦道元《水经注》：郦道元（？—公元527年），北魏水文地理学家。字善长，范阳（今河北涿县）人，官至尉史中尉。所撰《水经注》四十卷，对历史地理学有重要贡献。

④ 皮日休：唐末文学家。字袭美（约公元838—约883年），竟陵（今湖北天门）人。曾参加黄巢起义，任翰林学士。有自编《皮子文薮》传世。

⑤ 高若讷《后史补》：不见刊本。

⑥ 桑落时：桑叶落时，为九月，见《荀子·在宥》注。

⑦ 寒暄得所：寒温适中。寒暄，见面时的应酬话，冷暖之谓。

⑧ 乐天：白居易（公元772—846年），唐朝诗人。字乐天，祖籍太原（今山西太原），历任杭州、苏州刺史，武宗初以刑部尚书致仕。有《白氏长庆集》。

⑨ 柘枝：柘树，又叫黄桑，叶可养蚕。

【译】索郎酒，桑落河地出美酒，桑落讹传成"索郎"。此说见郦道元的《水经注》。唐代皮日休有诗说："分明不得同君赏，尽日倾心美索郎"，全无什么理意。本朝高若讷的《后史补》说："河中桑洛坊有一口井，每到桑叶枯落时，取其寒温适度，用井水酿成酒味道极好。白乐天有诗说：'桑落气熏珠翠暖，柘枝声引管弦高。'本称作桑落酒，旧时京师人呼为'索郎'，是语讹的原故。"高若讷的说法比较晚出，恐怕也不一定正确。

鳣、鲔皆不得真

黄朝英《缃素杂记》云："《汉书·杨震传》[①]曰：'有冠雀[②]衔三鳣鱼，飞集讲堂[③]前。'注云：'冠音鹳，即鹳雀也。鳣音善，其字假借为鳣鲔[④]之鳣，知然反。'按郭璞[⑤]注《尔雅》[⑥]：'鳣长二丈。'又《魏武四时食制》[⑦]

---

① 《汉书·杨震传》：此处作《汉书》，应为《后汉书·杨震传》。杨震（？—公元124年），东汉大臣，字伯起，弘农华阴（今陕西华阴东）人。官至太尉，至免官自杀。

② 冠雀：鹳（guàn）、鹳雀。为大型涉禽类。形如鹤，嘴长翼大尾圆短，有黑鹳、白鹳之分，生活在近水地区。

③ 讲堂：古代讲经之堂。

④ 鳣（zhān）鲔（wěi）：古代指鲟（xún）鱼。

⑤ 郭璞：东晋训诂学家。字景纯（公元276—324年），河东闻喜（今山西闻喜）人。曾任尚书郎，曾注释《尔雅》《山海经》《楚辞》等。明人辑有《郭弘农集》。

⑥ 注《尔雅》：郭璞的《尔雅注》，共三卷，刊入《十三经注疏》。

⑦ 《魏武四时食制》：不详。魏武，魏武帝，应指曹操，有《魏武帝集》一卷。

云：'鳣鱼大如五斗奁①，长一丈余'，安有鹳雀能致②一者，况三头乎？鳣又纯灰色，无文章③。鳝鱼④长不过三尺，大不过三指，黄地黑文⑤。故都讲⑥云：'虵⑦鳣者，卿大夫⑧之服象⑨也。数三者，法三台⑩也。'《续后汉》⑪及谢臣⑫书亦述此事，皆作鳝字。孙卿⑬云：'鱼鳖鳅⑭鳣'，《韩非》⑮《说苑》：'鳣似虵'，并作鳣字。盖假鳣为鳝，其来久矣。杜少陵⑯云：'敕厨惟一味，求饱或三鳣'，又以

---

① 奁（lián）：本为妇女盛梳妆用品的器具。这里指较大的容器。

② 致：送达。

③ 文章：这里指华美的色彩和花纹。

④ 鳝鱼：鳝鱼，音同。

⑤ 黄地黑文：黄色的底子，黑色的花纹。文，纹。

⑥ 都讲：学舍的长官。此处引述的仍为《后汉书·杨震传》。

⑦ 虵（shé）：古之"蛇"字。

⑧ 卿大夫：等级较高的官员。三代时，官分卿、大夫、士三等。

⑨ 服象：朝服上的纹样图案，象征官吏的等阶。

⑩ 三台：星名，古代用以比三公，尊人之词多用台。西汉以大司马、大司徒、大司空为三公，东汉以太尉、司徒、司空为三公。

⑪ 《续后汉》：南朝宋范晔撰《后汉书》纪传九十篇，梁刘昭补入司马彪《续汉书》八志三十卷，北宋合刊行世。

⑫ 谢臣：人名。

⑬ 孙卿：荀子（约公元前298—前238年），战国末哲学家。名况，赵国人。曾任楚国兰陵令，著有《荀子》。

⑭ 鳅（qiū）：通"鳅"。鳅科鱼类的统称，如泥鳅。

⑮ 《韩非》：《韩非子》，战国末韩非子著，共二十卷五十篇，是集先秦法家学说的代表作。

⑯ 杜少陵：唐代诗人杜甫。

平声押之，恐误也。"以上皆朝英语。余按，欧阳文忠公①《集古录·汉杨震碑》②云："圣汉龙兴，神祇降社③，乃生于公。"又云："穷神知变④，与圣同符⑤。鸿渐于门⑥，群英云集。"又云："贻⑦我三鱼，以彰懿德⑧。"观此，则称鳣称鲤，皆不得其真⑨也。

【译】黄朝英《缃素杂记》记载："《后汉书·杨震传》记：'有冠雀衔着三条鳣鱼，飞集到讲堂前面。'注说：'冠读音为鹳，冠雀就是鹳雀。鳣读作善，这个字假借为鳣鲔之鳣，音为知然反。'据郭璞的《尔雅注》说：'鳣长二丈。'又见《魏武四时食制》说：'鳣鱼大的有五斗奁那样，长一丈有余。'怎么能有鹳雀对付得了这么大鱼的事，何况还是三条？鳣鱼体表为纯灰色，没有花纹。鲤

---

① 欧阳文忠公：欧阳修（公元1007—1072年），北宋文学家、史学家。字永叔，号醉翁，庐陵（今江西永丰）人。曾任至参资政事，与宋祁合修《新唐书》，自撰《新五代史》，有《欧阳文忠公集》。

② 《集古录·汉杨震碑》：共十卷，收入《欧阳文忠公集》。

③ 神祇（qí）降社：神指天神，祇指地神，泛指一切神明。社，祭土地神的地方。神祇降临到祭祀之所。

④ 穷神知变：精通神道知晓变化之理。穷，研究。变，变化。

⑤ 与圣同符：圣，圣上，皇帝。符，符命，儒家、方士所说表明君主"受命于天"的所谓"祥瑞"征兆。

⑥ 鸿渐于门：源于《易经·渐》"鸿渐于陆"一语。意为鸿雁集于国门，人才济济。

⑦ 贻（yí）：遗赠，赠送。

⑧ 以彰懿（yì）德：为的是表彰高尚的德操。彰，表彰。懿，美，好。

⑨ 真：本性，本质。

（鳝）鱼长不会超过三尺，粗不会超过三个手指，体表黄色有黑色花纹。所以都说：'蛇鳝，是卿大夫们朝服上的纹样图案。之所以有三个数，是象征太尉、司徒与司空三公。'《续汉书》和谢臣的书也记载了这件事，都写作鳝字。孙卿说：'鱼鳖鳅鳝'，《韩非子》和《说苑》也有记载：'鳝似蛇'，同样都写作鳝字。看来借鳝为鳝，是由来已久。杜甫有诗说：'敕厨惟一味，求饱或三鳝'，又用平声来压韵，恐怕是错了。"以上都是黄朝英的话。我认为，欧阳修《集古录·汉杨震碑》记载："圣汉龙兴，神祇降社，乃生于公。"又说："穷神知变，与圣同符。鸿渐于门，群英云集。"又说："贻我三鱼，以彰懿德。"从这些情况看，无论称鳝或称鳝，都没有表示出它的实质。

辨杜子美诗

杜诗："青青竹笋迎船出，日日江鱼入馔来。"韩子苍①云："旧本'日'乃'白'字也。"予读杜《放船诗》云："青惜峰峦过，黄知桔柚来。"乃知子苍之言可信。然或者云："此诗乃送王十三②判官③扶侍④还黔中⑤，故用孟

---

① 韩子苍：北宋末、南宋初人（？—公元1135年）。名驹，仙井监（今四川仁寿）人。曾知江州，有《陵阳先生集》。

② 王十三：人名。

③ 判官：官名，唐置，宋代使官都有判官以判公事。

④ 扶侍：这里意指判官助手。

⑤ 黔中：道名，唐代分江南道置，治所在黔州（今四川彭水）。

宗①'泣笋'、姜诗'跃鲤'事。《后汉·列女传》：'姜诗②并妻庞氏并至孝，母好饮江水、嗜鱼脍云云。每旦辄③出双鲤，常以供母膳。'其言'每旦'，则'日日'之意在焉。"故姑④存之，以俟⑤博识者。

【译】杜甫诗中有"青青竹笋迎船出，日日江鱼入馔来"的句子。韩子苍说："旧本中的'日'字应是'白'字。"我读到杜甫的《放船诗》，有一句为"青惜峰峦过，黄知桔柚来"，由此得知韩子苍的说法是可信的。也有人会说："这首诗是送王十三判官扶侍回黔中道，所以用了孟宗'泣笋'和姜诗'跃鲤'的典故。《后汉书·列女传》记载：'姜诗和他的妻子庞氏都非常孝顺，母亲喜欢喝江水、爱吃鱼脍等。每天早晨他们都要钓两条鲤鱼，做好了给母亲吃。'这里说的是'每天早晨'，那么'日日'之意就包含在里边了。"我姑且记在这里，以待博闻多见者来判说。

---

① 孟宗：字恭武，江夏人。其母喜食竹笋，冬天笋未长出，孟宗入竹林哭诉，笋突然冒出。后仕至司空。

② 姜诗：人名。其事迹见《后汉书·列女传》，下文有引。

③ 辄（zhé）：总是。

④ 姑：姑且，暂且。

⑤ 俟（sì）：等待。

卷五　辨误

（选二条）

羊舌族氏

欧阳询①《艺文类聚》②"羊门"记一事云："昔有攘③羊者，以羊头遗晋叔向④，向母埋之不食。后三年，攘羊事发。追捕向家，捡羊骨肉都尽，惟有舌存。国人异之，遂以羊舌为族⑤。"不记所出⑥。予按，叔向得姓久矣，盖询所闻之误也。《春秋左氏传·闵公二年⑦》："晋羊舌大夫为军尉⑧。"杜预⑨注曰："羊舌大夫，叔向祖父也。"

---

① 欧阳询：唐朝书法家。字信本（公元557—641年），潭州临湘（今湖南长沙）人。官至给事中，奉命与裴矩等人撰《艺文类聚》。书法笔势险劲刻厉，结构严整，称"欧体"，为"唐初四大家"之一。

② 《艺文类聚》：唐欧阳询等奉敕撰，共一百卷，分四十八门，以事实居前，诗文列后，为类书中体例较好的一种。

③ 攘（rǎng）：偷，窃取。《墨子·非攻上》："攘人犬豕鸡豚。"

④ 叔向：羊舌肸（xī），春秋时晋国卿，任太傅。

⑤ 族：同姓之亲，家族。此处指族姓。

⑥ 不记所出：没记明语出何处。

⑦ 闵公二年：鲁湣（mǐn）公二年，为公元前660年。

⑧ 军尉：官名。春秋时晋国上、中、下三军都设尉，主掌发众使民。

⑨ 杜预：西晋大臣，著作家。字元凯（公元224—284年），京兆杜陵（今陕西西安东南）人，司马懿之婿。任镇南大将军，死谥征南大将军。有《存秋左氏经传集解》三十卷，为现存最早的《左传》注本，收入《十三经注疏》。明人辑有《杜征南集》。

孔颖达①曰:"此人生羊舌职②,职生叔向,故为叔向祖父。《谱》③云:羊舌氏,晋之公族④。羊舌,其所食邑⑤也。或曰:羊舌氏,姓李名果。有人盗羊而遗其头,不敢不受,受而埋之。后盗羊事发,辞连⑥李氏。李氏掘羊头而示之,以明⑦己不食。惟识其舌,舌存因得免,号曰羊舌氏也。"

【译】欧阳询等人撰《艺文类聚》中"羊门"记载有这么一件事:"古时有一个偷窃羊的人,把羊头送给了晋国的叔向,叔向母亲将羊头埋了而未食。过了三年,偷羊的事被告发了。当追问到叔向家时,挖出羊头骨一看,皮肉早已不在,只有羊舌还没烂。人们都很惊奇,于是便以羊舌作为自己的族姓。"书中并未注明这个典故的出处。我认为,叔向得姓比这个说法还要早得多,欧阳询所听到的说法是错误的。《春秋左氏传·闵公二年》有"晋羊舌大夫为军尉"的记载。杜预注说:"羊舌大夫,就是叔向的祖父。"孔颖达说:"这个羊舌大夫生了羊舌职,羊舌职生了叔向,所

---

① 孔颖达:唐朝学者,字冲远(公元574—648年)。冀州衡水(今河北衡水)人,官至国子祭酒。曾与魏征等人撰《隋史》,与颜师古等撰《五经正义》一百八十卷。

② 羊舌职:人名。

③ 《谱》:疑指晋贾希镜撰《族谱》,有七百余卷。

④ 公族:国君的家族。

⑤ 食邑:也叫采邑、食地、封地,诸侯封给卿大夫的土地。

⑥ 辞连:为口供所连累。辞,口供。

⑦ 明:表明,证明。

以他是叔向的祖父。《族谱》说：羊舌氏，是晋国的公族。羊舌，便是该族封地的名字。也有的说：羊舌氏，本姓李名果。有人盗羊后把羊头送给了他。李果又不敢不接受，接受后只好把它埋掉了。后来盗羊的事被告发了，审问的供词牵连到李果。李果把羊头挖出来让人看，以表明自己并不曾吃这羊头。只能看到羊的舌头，由于羊舌保存而得以幸免受牵连，从此改姓为羊舌。"

韩子苍和频字韵诗

韩子苍和李道夫①诗两首，频字韵②。其一云："麦天晨气润，况③复④雨频频⑤。"其二云："李侯梨钉坐⑥，风味胜仁频。"按，《上林赋》⑦："仁频槟榔⑧。"《仙药录》⑨云："槟榔，一名仁频。"《林邑记》⑩曰："叶如甘蕉⑪，音宾。"恐韩别有所本耳。

---

① 李道夫：人名。

② 频字韵：以频字为韵。

③ 况：文言连词，表示更进一层。

④ 复：复加。

⑤ 频频：频数，此处犹言阵阵。

⑥ 梨钉坐：钉坐梨，席间不食之梨。钉坐，陈设果品不食谓之钉坐，又为"钉坐"。

⑦ 《上林赋》：西汉司马相如作，尚有《子虚赋》《大人赋》等，词藻瑰丽，气韵排宕。

⑧ 槟榔：热带常绿乔木。种子叫槟榔子，供药用，有帮助消化和驱虫等作用。

⑨ 《仙药录》：未见刊本。

⑩ 《林邑记》：共一卷，不明撰者。

⑪ 甘蕉：香蕉。

【译】韩子苍有两首和李道夫的诗,都是频字韵。其第一首说:"麦天晨气润,况复雨频频。"第二首说:"李侯梨钉坐,风味胜仁频。"按,司马相如《上林赋》有"仁频槟榔"一说。《仙药录》记载:"槟榔,又名仁频。"《林邑记》记载:"叶子像香蕉叶,读音为宾。"大概韩子苍另有什么根据。

卷六 事实
（选九条）

槎头缩项鳊

孟浩然①《檀溪别业诗》云："梅花残腊月②，柳色半春天。鸟泊随阳雁③，鱼藏缩项鳊④。"又《岘山作》云："试垂竹竿钓，果得槎头鳊。美人骋金错⑤，纤手脍红鲜⑥。"又《送王昌龄⑦诗》云："土毛无缟纻⑧，乡味有槎头⑨。"故杜子美《解闷诗》云："复忆襄阳孟浩然，清诗句句尽堪传。即今耆旧无新语，漫钓槎头缩项鳊。"按，杜田⑩作

---

① 孟浩然：唐朝诗人（公元689—约740年），襄阳（今湖北襄樊）人。有《孟浩然集》。

② 梅花残腊月：梅花开在腊月末之意。

③ 鸟泊随阳雁：阳雁即南来之雁。雁称阳鸟，即随阳之鸟。另鹤别名亦为阳鸟，见《相鹤经》。

④ 缩项鳊：又作缩颈鳊，即鳊鱼，古又称鲂鱼。以汉水出产最多，小头缩项，故名，扁身细鳞，味最腴美。唐皮日休有"为爱南溪缩项鳊"的诗句。南溪为襄阳地名。

⑤ 骋金错：挥动切刀。骋，尽情施展。金错，代指刀。《东观汉记》："赐邓遵金错刀。"

⑥ 纤手脍红鲜：写美人做好了鱼脍。

⑦ 王昌龄：唐朝诗人。字少伯（公元689—约756年），京兆（今陕西西安）人。官秘书省校书郎。明人辑有《王昌龄集》。

⑧ 土毛无缟（gǎo）纻（zhù）：土毛，指地上长的植物。缟纻，白绢与夏布。吴季札与子产缟带，子产献纻衣，见《左传·襄公二十九年》。朋友馈赠，常用此语。

⑨ 槎头：槎头缩项鳊。

⑩ 杜田：人名。

《杜诗补遗正谬》①云："槎一说为襄阳郡②地名，一说为钓矶③上枯木。及见曾绎④云：'皆非也。《尔雅》云：槮谓之涔⑤。槮音渗，涔音岑。孙炎⑥释云：积柴木水中养鱼曰槮。襄阳俗谓鱼槮为槎头，言所积柴木槎枒也。'"予以杜、曾二公所说皆非。盖二公不读习凿齿⑦所撰《襄阳耆旧传》⑧，所以为此之纷纷也，盖《传》⑨云："汉水⑩中，鳊鱼甚美。常禁人捕，以槎⑪断水，因谓之槎头鳊。宋张敬儿⑫为刺史⑬，作六橹船⑭置献齐高帝⑮，曰：'奉槎头缩项

---

① 《杜诗补遗正谬》：未见刊本。

② 襄阳郡：东汉末分南郡、南阳两郡置，治所在襄阳（今湖北襄樊）。

③ 钓矶：钓鱼的地方。矶，水边突出的岩石或江河当中的石滩。

④ 曾绎：人名。

⑤ 槮（sēn）谓之涔（cén）：见《尔雅·释器》。涔，养鱼处曰涔，鱼池。

⑥ 孙炎：三国魏人，字叔然。受学郑玄之门，有《毛诗》《礼记》《春秋三传》《国语》《尔雅》诸注。

⑦ 习凿齿：东晋史学家。字彦威（？—约公元383年），襄阳（今湖北襄樊）人。任荥阳太守，有《汉晋春秋》五十四卷等。

⑧ 《襄阳耆旧传》：又名《襄阳记》，共一卷。多记襄阳故实。

⑨ 《传》：《襄阳耆旧传》。

⑩ 汉水：长江第一大支流，源自陕西宁强，于武汉市入长江。

⑪ 槎（chá）：用竹木编成的筏。此处为栅栏之意。

⑫ 张敬儿：南齐人，初名苟儿，官至车骑将军。

⑬ 刺史：西汉每部设刺史，主管巡察，官阶低于郡守。后来州郡氏官或称刺史，或称太守。

⑭ 六橹船：可能是安有六条橹的大船。

⑮ 齐高帝：萧道成（公元427—482年），南朝齐建立者，公元479—482年在位。字绍伯，南兰陵（今江苏常州西北）人。

鳊一千八百头'"。子美、耆旧之说，"槎头"之意，乃涣然①可晓。

【译】孟浩然《檀溪别业诗》写道："梅花残腊月，柳色半春天。乌泊随阳雁，鱼藏缩项鳊。"又一首《岘山作》写道："试垂竹竿钓，果得槎头鳊。美人骋金错，纤手脍红鲜。"又有《送王昌龄诗》写道："土毛无缟纻，乡味有槎头。"杜甫的《解闷诗》写道："复忆襄阳孟浩然，清诗句句尽堪传。即今耆旧无新语，漫钓槎头缩项鳊。"按，杜田所撰《杜诗补遗正谬》中写道："槎头，一种看法是襄阳郡的一个地名。另一种说法是钓鱼台上的枯木。又见曾绎说：'这都不对。《尔雅·释器》以椮作涔，椮读为"渗"，涔音为"岑"。孙炎释解为：积柴在水塘中养鱼叫椮，襄阳习惯上把鱼椮叫作槎头，说的是水中所积柴木枝丫。'"我认为杜田和曾绎二公说得都不对，二公没读到习凿齿所撰的《襄阳耆旧传》，所以对这个问题才有了如此不同的看法。《襄阳耆旧传》中说："汉水之中，以鳊鱼味道最好。为禁止人捕捞，用竹木为槎放置水中，因此就有了槎头鳊的名称。南宋时张敬儿为襄阳刺史，曾作六橹船献给齐高帝，说：'奉献槎头缩项鳊一千八百头。'"杜甫的诗和习凿齿的记载相符，"槎头"的意思，就十分明白了。

---

① 涣然：涣然冰释，形容一下子就清楚了。

厨人

刘桢①《瓜赋》序说："在曹植②座，厨人③进瓜，植命为赋，立成"，其辞云云。故杜子美《山馆诗》云："厨人语夜阑④。"《战国策》⑤："张仪⑥引厨人曰"，乃知厨人已具《战国策》。

【译】刘桢在他的《瓜赋》序言中说："在曹植那里做客，厨人送来了瓜，曹植叫我作赋，很快作成"，等等。杜甫有《山馆诗》说："厨人语夜阑。"《战国策》有"张仪引厨人曰"一语，可见厨人早在《战国策》上就有了记载。

莼为露葵

颜之推⑦《家训》⑧："有蔡郎者，讳纯，遂专为呼莼⑨

---

① 刘桢：东汉末文学家。字公斡（？—公元217年），东平（今山东东平东）人。为"建安七子"之一，明人辑有《刘公斡集》。

② 曹植：三国魏文学家。字子建（公元192—232年），曹操第三子。宋人辑有《曹子建集》。

③ 厨人：有如今人所说的厨师。

④ 夜阑：夜深，夜将尽。阑，将尽，将完。

⑤ 《战国策》：记载战国时代各国谋臣策士言行的史书。西汉末刘向编定为三十三篇。

⑥ 张仪（？—公元前310年）：战国时纵横家。魏国人，游说入秦，首创连横。奔走往来于秦、魏、楚等国之间，曾为秦、魏相。

⑦ 颜之推：北齐文学家。字介（公元531年—？），琅玡临沂（今山东临沂北）人。入隋，任太子文学。

⑧ 《家训》：《颜氏家训》，颜之推撰，共二十卷。以儒学教训子弟，记及南北风俗等。

⑨ 莼（chún）：也叫水葵，水生草本植物，叶浮水上，嫩叶可做菜汤。

为露葵①,面墙之徒②,递相仿效。承圣③中,士人聘齐④,主客郎⑤李恕⑥问曰:'江南有露葵否?'答曰:'露葵是莼,水乡所出。今食者绿葵⑦耳。'"故杜子美《茅堂检校收稻诗》云:"秋葵⑧煮复新。"又《寄杜佐诗》云:"味岂同金菊⑨,香宜配绿葵。"

【译】颜之推《颜氏家训》说:"有一个姓蔡的人名讳纯,于是总把莼叫作露葵,一些读书人也一个跟一个地学舌。承圣年间,有人到北齐聘职,主客郎李恕问他道:'江南有露葵吗?'回答说:'露葵本是莼,水乡有出产。现在作为食用的叫绿葵。'"杜甫《茅堂检校收稻诗》里记载:"秋葵煮复新。"又作《寄杜佐诗》:"味岂同金菊,香宜配绿葵。"

---

① 露葵:冬葵,古又有"卫足"之名。

② 面墙之徒:泛指读书人。面墙,本指不学之人。

③ 承圣:南朝梁元帝萧绎年号,即公元552—555年。

④ 士人聘齐:指某读书人聘职到齐。齐,指北朝北齐。

⑤ 主客郎:官名。唐代主客郎掌二王后及诸藩朝聘之事,属礼部。

⑥ 李恕:人名。

⑦ 绿葵:未明何指。

⑧ 秋葵:黄蜀葵,也称黄冬葵。

⑨ 金菊:又名万寿菊、金鸡菊。入药有平肝清热、祛风化痰之功。

松花酒

唐《原化记》①："有老人访崔希真②,希真饮以松花酒③。老人云:'花涩无味。'以一丸药投之,酒味顿④美。"《裴铏传奇》⑤载酒名"松醪春⑥"。故杜子美《集载杜员外诗》云:"松醪酒熟傍看醉。"刘长卿⑦《送从兄之淮南诗》云:"溯沿随桂楫,醒醉任松华。"又《至华阳洞诗》云:"萝月⑧延步虚,松花醉间宴。"

【译】唐人《原化记》记载:"有老人拜访崔希真,崔希真用松花酒款待客人。老人说:'这松花酒太涩也没什么味道。'说着拿出一丸药投放到酒里,酒味顿时变得醇美异常。"《裴铏传奇》记载一种酒名为"松醪春"。杜甫《集载杜员外诗》写道:"松醪酒熟傍看醉。"刘长卿《送从兄之淮南诗》写道:"溯沿随桂楫,醒醉任松华。"又有《至华阳洞诗》写道:"萝月延步虚,松花醉间宴。"

---

① 《原化记》:唐皇甫氏撰,共一卷。

② 崔希真:唐代人,客居钟陵,工绘事,善鼓琴。

③ 松花酒:松花所酿之酒。松花别名松黄。《海录碎事》亦记有崔希真造松花酒之事。

④ 顿:顿时。

⑤ 《裴铏(xíng)传奇》:已佚,今存辑本十三册,作者裴铏为唐末大将高骈从事。

⑥ 松醪春:酒名,系松膏所酿之酒。《酒史》记苏轼守定州时,于曲阳得松膏酿酒,作《松醪赋》。

⑦ 刘长卿:唐朝诗人。字文房(公元709—约780年),河间(今河北河间)人。曾任监察御史等职,有《刘随州集》。

⑧ 萝月:萝藤蔓间之月。李白有诗:"萝月挂朝镜,松枝鸣夜弦。"

浮蚁

周庾信①《谢赐酒诗》云:"浮蚁②对春开",盖用曹子建③《七启》④:"盛以翠尊⑤,酌以雕觞⑥。浮蚁鼎沸,酷烈馨香。"故杜子美《赠汝阳王诗》曰:"仙醴⑦求浮蚁。"《江楼夜宴诗》:"尊蚁添相续。"《简院内诸公诗》云:"蚁浮仍腊味⑧,鸥泛已春声。"

【译】北周庾信的《谢赐酒诗》中说:"浮蚁对春开",这里是用了曹子建《七启》中"盛以翠尊,酌以雕觞。浮蚁鼎沸,酷烈馨香"的诗意。杜甫《赠汝阳王诗》中写道:"仙醴求浮蚁。"《江楼夜宴诗》写道:"尊蚁添相续。"《简院内诸公诗》写道:"蚁浮仍腊味,鸥泛已春声。"

独酌谣⑨

陈沈炯⑩《独酌谣》曰:"独酌谣,独酌独长谣⑪。智者

---

① 庾(yǔ)信:北周诗人。字子山(公元513—581年),南阳新野(今河南新野)人。曾任洛州刺史,后人辑有《庾子山集》。

② 浮蚁:本指浮在上面的酒滓。此处指美酒名。

③ 曹子建:曹植。

④ 《七启》:曹植慕前人《七发》《七激》等而作。

⑤ 翠尊:青绿色的酒器。翠,青绿色。尊,酒器。

⑥ 雕觞(shāng):装饰着文彩的酒杯。雕,画,刻。觞,酒杯。

⑦ 仙醴(lǐ):美酒。醴,又指甜酒。

⑧ 腊味:意为冬日的饮食。

⑨ 《独酌谣》:独酌之歌。独酌,一个人独自饮酒。酌,倒酒喝。

⑩ 陈沈炯:人名。

⑪ 长谣:犹言长歌。

不我顾①，愚夫余不邀②。不愚复不智③，谁当余见招④？所以成独酌，一酌倾一瓢⑤。"白乐天以吴⑥秘监⑦有美酒，多独的，但蒙书报⑧，不以饮招⑨，故云："君称名士誇⑩能饮，我是愚夫肯见招？"盖用王孝伯⑪读《离骚》⑫，痛饮酒，对此事也。

【译】陈沈炯有《独酌谣》说："独酌谣，独酌独长谣。智者不我顾，愚夫余不邀。不愚复不智，谁当余见招？所以成独酌，一酌倾一瓢。"白居易因为吴秘监家有美酒，经常独自一人喝，只受过他以书相答，却不被邀饮酒，所以有诗曰："君称名士誇能饮，我是愚夫肯见招？"用了王孝伯读《离骚》痛饮酒之事来对吴秘监不邀饮之事。

---

① 智者不我顾：聪明人不会到我这里来光顾。

② 愚夫余不邀：愚笨人我也不会邀请他。

③ 不愚复不智：不笨又并不聪明的人。

④ 谁当余见招：谁又能够得上让我邀请来饮酒呢。见招，受邀请。

⑤ 一酌倾一瓢：此句意为，一倒就是一大瓢。倾，倒。

⑥ 吴：吴元衡。

⑦ 秘监：为秘书监的省称，唐宋以秘书监为秘书省长官，秘书省是掌图书之官署。

⑧ 书报：以书酬答。报，报酬；酬答。

⑨ 饮招：招饮，邀同饮酒。

⑩ 誇（kuā）：同"夸"。

⑪ 王孝伯：人名。

⑫ 《离骚》：战国时楚国屈原创作的富有政治色彩的抒情长诗。作品表达了作者的理想、苦闷和忧愁以及斗争精神，采用夸张的手法，穿插大量神话，充满了浪漫主义色彩。

乌鬼

元微之①《酬乐天诗》:"病赛乌称鬼,巫占瓦代龟②。"注云:"南人染病,并赛乌鬼③。"因悟杜子美诗"家家养乌鬼,顿顿食黄鱼④"之意。沈存中⑤以乌鬼为鸬鹚⑥,不知又何所据也?

【译】元稹《酬乐天诗》中写道:"病赛乌称鬼,巫占瓦代龟。"注说:"南方人患病时,要在一起赛乌鬼。"因此才悟到杜甫诗中"家家养乌鬼,顿顿食黄鱼"一句的含意。沈存中以为乌鬼是鸬鹚,不知他的证据是什么?

顿食

杜诗:"顿顿食黄鱼",顿顿字亦有所本。晋谢仆射⑦、陶太常⑧同诣⑨吴领军⑩,坐久,吴留客作食。日已中,使婢卖

---

① 元微之:元稹(公元779—831年),唐朝诗人,河南(今河南洛阳)人。与白居易唱和,世称"元白",有《元氏长庆集》。

② 巫占瓦代龟:以瓦片代乌龟占卜。古时占卜用龟甲。

③ 乌鬼:鸬鹚;或说乌鸦。竞赛驱病方法不详。

④ 黄鱼:此处当不指海产大小黄鱼,待考。

⑤ 沈存中:人名。

⑥ 鸬鹚:也叫水老鸦、鱼鹰,身体比鸭狭长,羽黑色,善潜水捕鱼。

⑦ 谢仆射:似指谢石(公元327—388年),东晋将领。字石奴,曾任尚书仆射、尚书令。

⑧ 陶太常:陶某,所指何人不详。太常,官名,掌宗庙礼仪。

⑨ 诣:前往。

⑩ 吴领军:似指吴隐之,卖狗事见《晋书·吴隐之传》。此节原文引自南朝梁人沈约《俗说》一书。

狗供客。客比①得一顿食，殆②无气可语。

【译】杜甫诗有"顿顿食黄鱼"一句，顿顿两字也是有根据的。晋时谢仆射和陶太常一同去拜访吴领军，坐了许久，吴领军留客人吃饭。太阳已升到半空，使婢卖了一条狗准备待客。客人等到吃这一顿饭的时候，几乎连说话的力气也没有了。

金叵罗③

东坡诗："归来笛声满山谷，明月正照金叵罗。"按，《北史》：祖珽盗神武金叵罗④，盖酒器也。韩子苍诗云："劝我春风金叵罗。"

【译】苏东坡诗中有"归来笛声满山谷，明月正照金叵罗"一句。据《北史》记载：祖珽曾在酒宴上盗得神武帝金叵罗，金叵罗为酒器。韩子苍有诗说："劝我春风金叵罗。"

---

① 比：及，等到。

② 殆（dài）：几乎。

③ 金叵（pǒ）罗：叵罗当今之笸箩。古时叵罗指酒杯。

④ 祖珽盗神武金叵罗：见《北齐书·祖珽传》："神武宴僚属，于坐失金叵罗。"祖珽，为北齐权臣。神武，即北齐神武帝高欢。

卷七　事实
（选七条）

玉粒

《王子年拾遗记》①："员峤之山②，名环邱③，上有方湖千里。多大鹄④，高一丈，群飞于湖际。衔采不周之粟⑤，于环邱之上。粟生穟⑥，高五丈，其粒皎然⑦如玉也。"故杜⑧《茅堂检校收稻诗》云："红鲜⑨终日有，玉粒未吾悭⑩。"又云："玉粒定晨炊，红鲜似霞散。"

【译】《王子年拾遗记》记载："员峤有一座山，名为环邱，山上有一湖方圆千里。那里有很多大天鹅，体高一丈，结群飞到湖边。衔来不周山的粟米，落到环邱山上。粟米生长成大穗，高达五丈，粟米粒洁白如玉。"所以杜甫

---

① 《王子年拾遗记》：共十卷。前秦王嘉撰。

② 员峤之山：传说中的海中仙山，在渤海之东。见《列子·汤问》。

③ 环邱：指员峤山之一部。

④ 鹄（hú）：天鹅，体大脖长，羽毛纯白色。

⑤ 不周之粟：不周山之粟。《吕氏春秋·本味》："玄山之禾，不周之粟。"不周山，神话传说山名，大抵当今昆仑山脉。见《淮南子·天文训》。

⑥ 穟（suì）：通"穗"。

⑦ 皎然：洁白，光明之貌。

⑧ 杜：指杜甫。

⑨ 红鲜：指动物类馔品。

⑩ 悭（qiān）：吝啬，小气。

《茅堂检校收稻诗》说："红鲜终日有，玉粒未吾悭。"又说："玉粒定晨炊，红鲜似霞散。"

吹^①扊扅^②

齐颜之推谓百里奚^③歌"吹扊扅"，吹当作炊煮之"炊"，以门牡木^④作薪炊耳。予谓作"炊"，其义亦通，扊扅作薪以为火，则有吹之意。《汉书》："赵氏无吹火焉。"木华^⑤《海赋》曰："熺炭重燔^⑥，吹炯九泉^⑦。"李善曰^⑧："吹，犹然^⑨也。炯，光也。言火之光，下照九泉。"

【译】北齐颜之推说百里奚唱的"吹扊扅"，吹就是炊煮的"炊"，用门闩木作柴火来做饭。我认为吹作"炊"来理解，其含义是相通的，门闩当柴烧火，包含吹的意思。《汉书》有"赵氏无吹火焉"一语。木华《海赋》写道：

---

① 吹：炊烧。

② 扊（yǎn）扅（yí）：门闩，又写作"剡移"。

③ 百里奚：春秋秦国大夫。秦穆以五张羊皮将他从楚赎回，故又称"五羖（gǔ）大夫"。

④ 门牡木：门闩木。

⑤ 木华：西晋广川（今河北景县广川）人，字玄虚。曾为大都督杨骏主簿。作《海赋》，文词隽丽。

⑥ 熺（xī）炭重燔（fán）：意为把木炭重新点燃，让它烧得旺旺的。熺，同"喜"，为火旺炽烈之意。燔，焚烧。

⑦ 吹炯（jiǒng）九泉：燃烧的火光照亮九泉。九泉，又称黄泉，地下的泉水，指人死后埋葬的地方。

⑧ 李善曰：此处指《文选·木华》李善注。

⑨ 然：同"燃"。

"熺炭重燔,吹炯九泉。"李善注为:"吹,就如燃一样。炯,指的是火光。是说火的光亮,下照着九泉。"

饕餮

颜之推云:"眉毫①不如耳毫,耳毫不如项绦②,项绦不如老饕③。"此言老人虽有寿相④,不如善饮食也。故东坡《老饕赋》,盖本诸此。然《左氏传》⑤:"缙云氏⑥有不才子⑦,贪于饮食,冒⑧于货贿⑨。天下之民,以比三凶⑩,谓之饕餮⑪。"杜预注曰:"贪财为饕,贪食为餮"。何耶?无

---

① 眉毫:年老之谓。《方言》:"东齐谓老曰眉。"《诗·七月》:"以介眉寿。"注曰:"人年老者必有毫毛秀出。"此句言眉毫不如耳毫之老也。

② 项绦(tāo):未解。依下文,似指老态之状。项,颈部。绦,多指衣物边缘的装饰。

③ 老饕(tāo):贪食者。

④ 寿相:长寿之态。

⑤ 《左氏传》:《左传》,这里引自《左传·文公十八年》。

⑥ 缙(jìn)云氏:古代部落氏族名。

⑦ 不才子:无才之子。

⑧ 冒:贪冒。

⑨ 货贿(huì):财帛。《周礼·天官·太宰》:"商贾阜通货贿。"注:"金玉曰货,布帛曰贿。"

⑩ 三凶:上古又有"四凶"之说,指共工、驩兜、三苗和鲧。三凶不包括鲧。

⑪ 饕餮(tiè):传说中的一种贪食的恶兽,古代青铜器上铸其头部形状为装饰。《吕氏春秋·先识》:"周鼎铸饕餮,有首无身。"又用来比喻贪婪凶恶之人。

乃与东坡之说牾①耶？予又按，汉服虔②引《神异经》③云："饕餮，兽名。身如羊，人面，目在腋下，食人。"然则饕、餮均能食人。且字皆从"食"，虽不以财、食分别亦可矣。惟《离骚经》④："众皆竞进以贪婪兮，凭不厌乎求索⑤。"王逸注云："爱财曰贪，爱食曰婪。"盖此二字，或可分别，以贪字从"贝"故耳。

【译】颜之推说："眉毫不如耳毫，耳毫不如项绦，项绦不如老饕。"这话的意思是老人尽管有长寿之相，都不如善于调节饮食。苏东坡的《老饕赋》依据正在于此。不过，《左传·文公十八年》中说："缙云氏有个没才德的儿子，既贪吃又贪财。天下人都把他比作三凶，叫作饕餮。"杜预注说："贪财的就叫饕，贪吃的就叫餮。"这是什么意思呢？这不是与苏东坡的说法相抵触吗？我又认为，汉代服虔引述《神异经》说："饕餮，是一种凶兽的名字。身体像羊，人的面孔，眼睛长在腋下，吃人。"不过饕、餮都能吃人，而且两字都从"食"字，即使不以财和食来区别也可

---

① 牾（wǔ）：抵触，冲突。

② 服虔（qián）：东汉经学家。字子慎，河南荥阳（今河南荥阳东北）人。曾任九江太守，有《春秋左氏传解谊》等。

③ 《神异经》：汉东方朔撰，共一卷。晋张华作注。

④ 《离骚经》：《离骚》。《楚辞》中的一篇。

⑤ 众皆竞进以贪婪兮，凭不厌乎求索：人们都争着向上爬。一个个都贪得无厌。竞进，争先恐后向上爬。贪婪，王逸《章句》："爱财曰贪，爱食曰婪。"凭，《章句》："楚人名满曰凭。"

以。在《楚辞·离骚》中有"众皆竞进以贪婪兮，凭不厌乎求索"一句。王逸注说："爱财称作贪，爱食称作婪。"贪婪二字或许可以分开来理解，因为"贪"字从"贝"。

酌酒

杜子美诗："把酒宜深酌①。"盖用庾信《王褒②饷酒诗》云："开君一壶酒，细酌对春风。"

【译】杜甫有一句诗叫作"把酒宜深酌"。借用了庾信《王褒饷酒诗》中"开君一壶酒，细酌对春风"的诗意。

荔枝、杨梅③、卢桔④

梁萧惠开⑤云："南方之珍⑥，惟荔枝矣，其味绝美。杨梅、卢桔，自可投诸藩溷⑦。"故东坡诗云："南村诸杨北村卢⑧，直与荔枝为先驱⑨。"

【译】南朝梁人萧惠开说："南方的珍味，就数荔枝了，它的味道美极了。拿杨梅和卢橘相比，这些简直得扔到厕所里去了。" 苏东坡也有诗说："南村诸杨北村卢，直与

---

① 深酌：细细品味。酌，斟酒喝。
② 王褒：北周人，字子渊。授车骑大将军，官终宣州刺史。
③ 杨梅：常绿乔木。根、皮、果核均可入药。果有生津解渴、消食和胃的功能。
④ 卢桔：为金橘别名，又名山橘。卢橘又作枇杷别名。
⑤ 萧惠开：南朝梁人。官都督益、宁二州刺史，官终给事中。
⑥ 珍：珍味，美味。
⑦ 藩溷：藩篱厕所。溷，原作"涸（hùn）"。
⑧ 南村诸杨北村卢：指杨梅和卢橘。
⑨ 先驱：前导。

荔枝为先驱。"

夜航船

"乐府^①"有《夜航船》，正谓浙西^②耳。皮日休《答陆龟蒙^③诗》云："明朝有物充君信^④，檿酒^⑤三瓶寄夜航。"

【译】"乐府"中有一首《夜航船》诗，说的正是浙西风情。皮日休在《答陆龟蒙诗》中写道："明朝有物充君信，檿酒三瓶寄夜航。"

青精饭^⑥

《神仙·王褒传》^⑦："太极真人^⑧以太极青精饭上仙灵文授之，可按而合服。褒按方合练，服之五年，色如少女。"杜诗："惜无青精饭，使我颜色好"是也。

【译】《神仙传·王褒传》说："太极真人将太极青精

---

① 乐府：古代本指掌管音乐的官署，汉代始建，掌制乐谱、训乐工和采歌词等。后来把它所采来配乐的歌词及后人袭用乐府旧题或仿乐府体裁写的作品称作"乐府"。
② 浙西：路名，两浙西路的简称。
③ 陆龟蒙：唐末文学家。字鲁望（？—约公元881年），吴郡（今江苏苏州）人，曾任苏、湖二郡从事。有《甫里先生集》。
④ 明朝有物充君信：有朝一日得到什么送君的信物。
⑤ 檿（shěn）酒：檿酿的酒。《字汇》："檿，音审，木名，味甘，可为酒。"
⑥ 青精饭：本为植物名，又叫南烛，可供药用。据《本草·青精饭》，青精饭为道家常吃之饭，制法是取天烛茎叶，捣汁浸米，九浸九蒸九曝，米粒紧小如瑕珠，装袋中可供远道食用。
⑦ 《神仙·王褒传》：《神仙传》，晋葛洪撰，共十卷。
⑧ 太极真人：太极，天地未分之前称太极。真人，道家指修真得道之人。这里可能指老子。

饭上仙灵方授予王褒，可按方合炼服用。王褒按仙方合炼，服用了五年，肤色如同少女一般。"杜甫诗"惜无青精饭，使我颜色好"，用的正是此典。

卷八 沿袭

（选二条）

应声虫

陈正敏①《遯斋闲览》②载："杨勔③中年得异疾④，每发言应答，腹中有小虫效之。数年间，其声寖⑤大。有道士见而惊曰：'此应声虫也。久不治，延及妻子。宜读《本草》⑥，遇虫不应者，当取服之。'勔如言，读至于'雷丸'⑦，虫忽无声。乃顿饵⑧数粒，遂愈。正敏其后至长汀⑨，遇一丐⑩者，亦有是疾，环而观者甚众。因教之使服雷丸，丐者谢曰：'某贫，无他技，所以求衣食于人者，唯

---

① 陈正敏：人名，宋人。
② 《遯（dùn）斋闲览》：共一卷。撰者又作范正敏。
③ 杨勔（miǎn）：人名。据《文昌杂录》，杨勔为淮西（治所在今安徽凤台）人。
④ 异疾：奇特的病症。
⑤ 寖（jìn）：同"浸"，逐渐。
⑥ 《本草》：泛指记载中药的书籍，如《神农本草经》《本草纲目》。通常也作中药的总称。
⑦ 雷丸：本为一种生于竹林土中的菌类，大小如栗，可入药。又名竹苓、雷矢、雷实。
⑧ 饵：吃。《后汉书·马援传》："常饵薏苡实。"
⑨ 长汀：唐置县，今福建长汀。
⑩ 丐：乞丐。

藉①此耳。'"以上皆陈所记。予读唐张鷟②《朝野佥载》③云："洛阳有士人患应病④，语即喉中应之。以问善医张文仲⑤，张经夜思之，乃得一法，即取《本草》令读之，皆应，至其所畏者，则不言。仲乃录取药，合而为丸，服之，应时而止。"乃知古有是事。

【译】陈正敏的《遯斋闲览》记载："杨勔中年时得了一种怪病，每当说话应酬时，腹内有小虫跟着应声。不几年工夫，虫声越来越大。有一个道士见了惊异地说：'这是应声虫。长此不医治还会传给妻子的。须得读《本草》之类的药典，遇到有虫不应的药方，就可以取而服之。'杨勔照这话做了，当读到'雷丸'一药时，虫忽然不出声了。于是就一次吃了几粒，结果就痊愈了。陈正敏后来到了长汀，遇到一个乞丐，也患有这种病，围着看他的人很多。于是教他吃雷丸治病，乞丐谢他说：'我是个贫穷之人，也没什么别的能耐，向人讨点吃的穿的，只有依靠这了。'"以上都是陈正敏书中所记。我读到唐代张文成所撰《朝野佥载》，其中说："洛阳有一读书人患有应声虫病，一说话喉内就有回应

---

① 藉（jiè）：依靠，假托。
② 张鷟（zhuó）：唐朝文学家。字文成，自号浮休子，深州陆泽（今河北深州西）人，官至考功员外郎。所撰传奇《游仙窟》在日本流传至今。
③ 《朝野佥载》：共六卷。
④ 应病：应声虫病。
⑤ 张文仲：唐洛阳人。武后时官至尚药奉御特进。

之声。去问高医张文仲，他想了一整夜，想出了一个办法，便是拿《本草》来给病人读，所读虫皆有回声，读到它害怕的地方，它就不吱声了。张文仲就记下来，照着药方调制成丸，吃下去后，不大一会就好了。"这才知道古时候也有这类事情。

薏苡芎䓖

张右史耒①《昼卧口占》云："病栽薏苡无劳谤②，湿要芎䓖不待廋。"东坡亦云："巧语屡曾伤薏苡，度辞那复诧芎䓖。"

【译】（略）

---

① 张右史耒（lěi）：张耒（公元1054—1114年），北宋词人。字文潜，楚州淮阴（今江苏淮阴）人。官至太常太卿，有《张右史文集》。右史，官名。

② 谤：说人坏话。

卷九　地理
（选一条）

洞庭桔

　　世以韦苏州①诗："书后欲题三百颗，洞庭犹待满林霜。"以韦尝守苏②，遂谓太湖洞庭山③产柑桔。并以唐吴融④《序赋》及王维⑤《送人赴越州⑥诗》："风樵若邪路，霜桔洞庭秋。"苏子美⑦《姑苏诗》"洞庭柑熟客分金"为据，而以洞庭湖⑧为非。其实不然。盖洞庭见于吴、楚，皆产柑桔，第湖山为异耳⑨。观《襄阳记》⑩，李叔平⑪临终敕

---

① 韦苏州：韦应物（公元737—约789年），唐朝诗人，长安（今陕西西安）人。后任滁、江、苏三州刺史，有《韦苏州诗》。
② 守苏：苏州刺史。
③ 洞庭山：太湖中山名，分东、西两山。
④ 吴融：唐人。字子华，官户部侍郎、翰林承旨。有《唐英歌诗》。
⑤ 王维：唐朝诗人、画家。字摩诘（公元701—760年），官至尚书右丞。今存《王右丞集》。
⑥ 越州：隋代时改吴州置，治所在会稽（今浙江绍兴）。
⑦ 苏子美：北宋诗人，名舜钦（公元1008—1048年）。梓州铜山（今四川中江东南）人。范仲淹荐为集贤校理，有《苏学士文集》。
⑧ 洞庭湖：在湖南北部，有湘江、资江、沅江、澧水等注入，湖水在岳阳县的城陵矶注入长江。
⑨ 第湖山为异耳：只是湖与山的不同。第，但。
⑩ 《襄阳记》：《襄阳耆旧传》。
⑪ 李叔平：三国吴襄阳人，名衡。官威远将军。

其子曰："龙阳洲①里，有千头木奴②，及柑桔成，岁得绢千匹。"审此，则龙阳洲正在洞庭矣。文况晋张华③诗："桔在湘水侧，菲陋人莫传④。"刘瑾⑤《甘赋》⑥云："寄生于南楚。"谢惠连⑦《甘赋》云："倾予节兮湖之区。"徐陵⑧《甘诗》云："江潭⑨间修竹"，由古以来，洞庭湖之有桔旧矣，故柳毅叩桔⑩而书始传。至若洞庭山之有桔，不读唐吴融《序赋》，未必其名显也。

【译】人们根据韦应物诗中所说："书后欲题三百颗，洞庭犹待满林霜。"由于韦曾任苏州太守，所以说太湖洞庭山盛产柑橘。人们都以唐代吴融《序赋》和王维《送人赴越州诗》中："风樵若邪路，霜桔洞庭秋。"还有以苏子美

---

① 龙阳洲：地名，待考。依吴曾所说，龙阳洲在湖南洞庭湖。

② 木奴：橘的异名。果实古通称木奴，《齐民要术·种杏》注："木奴千，无凶年。"

③ 张华：西晋大臣，著作家。字茂先（公元232—300年），范阳方城（今河北固安西尚）人。任太子少傅，迁司空。著有《博物志》十篇。

④ 菲陋人莫传：由于产量少而又偏僻，人们都不知道。

⑤ 刘瑾：人名。

⑥ 《甘赋》：甘，即为柑，咏柑之赋。

⑦ 谢惠连：南朝宋人，十岁能属文，官位不显，三十七岁卒。

⑧ 徐陵：南朝陈人，字孝穆。官散骑常侍。有《徐孝穆集》。

⑨ 江潭：指江、潭二州，辖境相当于今福建、江西及湖南部分地区，治所分别在今江西南昌和湖南长沙。

⑩ 柳毅叩桔：此为"柳毅传书"故事。柳毅为唐代儒生，传说是洞庭君之婿，为龙女传书洞庭，以衣带叩橘而见洞庭君。事载《闻见录》。

《姑苏诗》"洞庭柑熟客分金"为根据，以为产橘的不是洞庭湖。其实不是这样的。洞庭一名同见于吴、楚故地，都盛产柑橘，只是湖与山之不同而已。据《襄阳记》所载，李叔平临终前对他的儿子说："龙阳洲里有千棵橘树，等结了柑橘，一年可换得丝绢千匹。"细一分析，说明龙阳洲正是在洞庭湖。又何况晋张华还有诗说："桔在湘水侧，菲陋人莫传。"刘瑾《甘赋》所说："寄生于南楚。"谢惠连《甘赋》中："倾予节兮湖之区。"另又有徐陵《甘诗》所说的"江潭间修竹"，可证自古以来，洞庭湖早就产橘了，所以柳毅才得以能叩橘而传书。至于洞庭山产柑橘，如不读唐代吴融《序赋》，它的名声未必能有这么大。

卷十　议论

（选一条）

东坡知味、李公择知义

东坡在资善堂中，盛称河豚①之美。李原明②问："其味如何？"答曰："直那一死"。李公择③尚书④，江左⑤人，而不食河豚。曾云："河豚非忠臣孝子所宜食。"或以二者之言问予，予曰："由东坡之言，则可谓知味；由李公择之言，则可谓知义⑥。"

【译】苏东坡在资善堂中，大加称赞河豚好吃。李原明问他："河豚味道如何？"苏东坡说："吃它死也值得。"李公择为尚书，江东人氏，却不吃河豚。他曾说过："河豚不是忠臣孝子能吃的东西。"有人拿他们二位的话来问我，我说："从苏东坡的话看，可以说是真知河豚之味；从李公择的话看，则可以说是真知河豚之义。"

---

① 河豚：也叫鲀。鱼，头圆形，口小，背部黑褐色，腹部白色。肉味鲜美，但卵巢及肝脏有剧毒。

② 李原明：人名。

③ 李公择：人名。

④ 尚书：一部之长官。

⑤ 江左：江东，古人在地理上以东为左，即今长江下游地区。

⑥ 知义：河豚产卵时卵及肝脏有剧毒，有护之意。"知义"，指体察河豚的这种本能。

卷十一　记诗
（选二条）

巴苴①、仁频

"诸柘②巴苴"。文颖③曰："巴苴，草名，一名巴蕉④。"李善曰："苴，子余切。""楆⑤栗，楆，音郢……"《说文》⑥曰："仁频，槟榔也。"韩偓⑦诗云："鹅儿唼喋⑧雌黄嘴，凤子轻盈腻粉腰。"韩子苍诗云："李侯梨钉坐，风味胜仁频。"

【译】"诸柘巴苴"，文颖解释说："巴苴，草名，又名为芭蕉。"李善注说："苴，音子余切。""楆栗，楆，读音为'郢'……"《说文》说："仁频，就是槟榔。"韩偓的诗说："鹅儿唼喋雌黄嘴，凤子轻盈腻粉腰。"韩子苍

---

① 巴苴（jū）：芭蕉。

② 诸柘：又写作"藷柘"，即甘蔗。见《南方草木状》："诸柘，一名甘蔗。"

③ 文颖：东汉人，字叔良。有《前汉书注》一百三十卷。

④ 巴焦：芭蕉。

⑤ 楆（yǐng）：软枣，又名牛奶枣、小柿、丁香柿等。落叶乔木，果期10—11月。

⑥ 《说文》：《说文解字》，是我国第一部系统的分析字形和考究字义的字书。东汉许慎著。本文十四卷，叙目一卷。

⑦ 韩偓（wò）：唐朝诗人。字致尧（公元844—923年），京兆（今陕西西安）人。历任翰林学士、兵部侍郎等职。今存《翰林集》及《香奁集》。

⑧ 唼（shà）喋（dié）：鱼、鸟吃食的声音。《通俗文》："水鸟食谓之唼喋。"喋，又写作"喋"。

有诗说:"李侯梨钉坐,风味胜仁频。"

江子我作《牛酥行》

宣和①初,有邓姓者,留守西京②,以牛酥③百斤遗梁师成④。江子我端友⑤作《牛酥行》云:"有客有客官长安,牛酥百斤亲自煎。倍道⑥奔驰少帅府,望尘且欲迎归轩。守阍⑦呼语不必出,已有人居第一先。其多乃复倍于此,台颜顾视初怡然⑧。昨朝所送虽第二,桶以纯漆丽且坚。今君来迟数又少,青纸题封难胜前。持归空渐辽东豕⑨,努力明年趁头市⑩。"

【译】(北宋)宣和初年,有一位姓邓的人,在西京负留守之责,他用一百斤牛酥给宦官梁师成当作礼品。江子我

---

① 宣和:北宋徽宗赵佶(jí)年号,公元1119—1125年。

② 西京:北宋以汴州开封府为东京,东都河南府(今河南洛阳)为西京,始自晋天福三年。

③ 牛酥:牛酪,以牛奶煎沸后凝成的薄皮再煎而成,北方人名为"马思哥",见《臞(qú)仙神隐书》。

④ 梁师成:北宋末宦官,字守道(?—公元1126年)。徽宗时为检校太尉,凡御书号令皆出其手,常找人仿帝字伪造圣旨,时人称为"隐相"。

⑤ 江子我端友:指江端友,字子我。宋代官吏,官太常少卿。有《七里先生自然庵集》。

⑥ 倍道:一天赶两天的路,同"兼程"之意。

⑦ 守阍(hūn):看门人。

⑧ 怡然:愉快高兴之意。

⑨ 辽东豕(shī):比喻少见多怪。《汉书·朱浮传》:"辽东有豕,生子白头,异而献之。行至河东,见群豕皆白,怀惭而退。"

⑩ 头市:第一名。

作了一首《牛酥行》说:"有那么一个客人在长安做官,亲自动手煎成一百斤牛酥。日夜兼程送往少帅府,府里的人见到飞扬的尘土准备迎进去,守门人却说不用出去了,已经有另一人先到了。先来的人送的牛酥要多得多,府里人围着看得可高兴了。去年你送来的虽算第二,但装牛酥的桶却是纯漆制成的,既漂亮又结实。今年您来得迟不说,数量送得也少,青纸题封也比不上前一个。还不拿回去空作'辽东豕'似的惭愧吧,加把劲到明年争取得个第一名。"

卷十二 记事

（选三条）

甘露

绍兴辛亥①冬，抚州②祥符观③松，降甘露若饴④。有郎官⑤徐其姓者，献《甘露古松诗》于太守⑥。其诗略曰："仙台之阳石坛东，下有亭亭⑦太古松⑧。"又曰："至诚感格⑨合天意，露零⑩青松真上瑞"云云。太守以为祥，因奏于朝，坐言章罢郡⑪。

先人⑫时谓予曰："熙宁六年⑬冬，建昌军⑭距城五里，

---

① 绍兴辛亥：绍兴元年，即公元1131年。绍兴为南宋高宗赵构年号之一。

② 抚州：治所在今江西抚州西。

③ 祥符观：古观名。

④ 饴（yí）：饴糖，以含有淀粉的原料经糖化和加工制得，味甜爽口。

⑤ 郎官：郎，本为帝王侍从官的通称。各代郎官的职权不一，后来将部所属司的长官郎中和副长官员外郎，总称为郎官。

⑥ 太守：汉代称郡守为太守，宋改郡为州、府以后，郡守已不是正式官名，但仍习惯称知府、知州为太守。

⑦ 亭亭：高耸或直立的样子。

⑧ 太古松：年代古老的松树。

⑨ 感格：感动。

⑩ 零：下雨，落下。

⑪ 坐言章罢郡：不甚解，似为因上此奏章而被免郡守之职。

⑫ 先人：祖先，上代人。

⑬ 熙宁六年：公元1073年。熙宁为北宋神宗年号之一。

⑭ 建昌军：北宋改建武军置，治所在今江西南城。

甘露降于进士①徐上交②别业③大松上，浓厚如酒，其味香甜，上交折献于太守张郎中子方④，子方率僚属观之，欲以上闻⑤。路过凤凰山⑥下，牧童见车马，皆叫呼曰：'此山松上亦多甘露，何独彼耶？'各持松叶餂弄⑦，以示不误。时有野夫⑧卖药于市者，语人曰：'太守不察⑨耳，何者为甘露？露从天降，必遍于数亩，岂止松乎？'吾尝客华阴⑩，县民亦有以甘露告于县者。令⑪因出按⑫之，有道人笑焉。令怒，械系⑬之。道人曰：'譬如人身精液，流通均布六、七十年中。若夫寿促⑭，必涌并⑮于未死之前。此松殆

---

① 进士：科举考试录取方为进士。

② 徐上交：人名。

③ 别业：在他地另置的田产。

④ 张郎中子方：张子方，人名。郎中，官名，唐宋六部都设郎中，为尚书、丞、侍郎以下的高级官员。

⑤ 欲以上闻：想报告给皇帝。上，指皇帝。

⑥ 凤凰山：地名。

⑦ 餂（tiǎn）弄：钩取，探取。

⑧ 野夫：村野之人，乡下人。

⑨ 察：仔细看，考察。

⑩ 华阴：唐廷名，今陕西华阴，以在华山之阴得名。

⑪ 令：县令，一县之长。

⑫ 按：巡察。

⑬ 械系：用镣铐拘禁。《史记·淮阴侯列传》："遂械系（韩）信至洛阳。"械，桎（zhì）梏（gù），脚镣手铐。

⑭ 寿促：寿命将尽。促，短。

⑮ 涌并：一起流出。

将槁耳,官人若不信,请宽我,以俟明春,此松必不荣①也。'令如其说,至期果验焉。军民得其说,因省。景祐丙子②,城西天庆观③松,昔尝一枝有甘露,因往验之。昔时甘露所降之枝,果已先朽。张守④因不复奏知。"先人因言:"乡里松有甘露亦甚多,其实非也,乃松液⑤耳。"

【译】绍兴元年冬天,抚州祥符观的一棵松树上,降下像饴糖一样的甘露。有一个姓徐的郎官,写了一首《甘露古松诗》献给太守。诗中大概是说:"仙台之阳石坛东,下有亭亭太古松。"又说:"至诚感格合天意,露零青松真上瑞"等。太守当作一种祥瑞,因此就上奏到朝廷,没想到倒因这个奏折获罪而被罢了官。

先人当时对我说:"熙宁六年冬天,距建昌军城外五里,有甘露降在进士徐上交田产内的大松树上,浓厚如酒一般,味道十分香甜。徐上交折松枝献给太守张子方,张太守带领手下一班人前去观赏,还想报告给朝廷。路过凤凰山时,牧童看见了威武的车马,都叫喊起来说:'这座山上松树很多也都有甘露,怎么独送那儿的去?'牧童手里还拿着松枝摆弄,表示实有此事。当时有一个乡下人在街市上卖

---

① 不荣:枯萎。荣,茂盛。与枯相对。

② 景祐丙子:景祐三年,即公元1036年。景祐为北宋仁宗年号之一。

③ 天庆观:古道观名。

④ 张守:指前面提到的张子方太守。

⑤ 松液:松脂。

药,对人说道:'这太守根本不知道,到底什么是甘露?甘露要是从天降下,必然遍布于数亩之地,岂能只降在一棵松树上?'我曾客居华阴县,那里的人也有发现甘露后去报告县衙的。县令出去察看时,有一道士在旁边讥笑。县令发了怒,命人用镣铐把道士拘禁起来。道士说:'就好似人身体里的精液一样,在人体内流动可达六七十年。在寿命行将终尽时,精液会一齐在未死之前涌流出来。这棵松树快要枯死了,老爷要是不相信,请宽限我一些时日,等到明年春天,这松树必定枯萎无疑。'县令答应了他的请求,到了第二年春天果然应了道士的话。军士和百姓由于有了道士这话,省了不少事。景祐三年,城西天庆观有两棵松树,曾在一根枝叶上挂有甘露,听到道士说的话以后便去查验。看到曾降有甘露的那根松枝,果然已先枯朽。张太守因此也不再奏知朝廷了。"先人还说:"乡下松树上有甘露的也相当多,其实并不是甘露,而是松脂。"

晏元献①节俭

晏元献与兄手帖②:"殊③再拜。庄客至,知大事④礼

---

① 晏元献:晏殊(公元991—1055年),北宋大臣。字同叔,抚州临川(今江西抚州)人。官拜宰相兼枢密使。现存《珠玉词》及《晏元献遗文》。

② 手帖:亲手写的书信之类。

③ 殊:晏殊,以名自称。

④ 大事:似指丧事。

毕。日月迅速，哀痛无极，奈何奈何①。记文本及寄殊生日衣服及孩儿奶子②等信物，甘子③、黄雀鲊④等，领讫。地远不须烦神用，况人事有何穷尽。……尝见范应辰⑤率家人持千斋⑥，自云：'一则劝其淡素好善，次则减鱼肉之价，聚为生计。'果置得一两好庄及第宅，……殊家间仆使等，直至今两日内，破⑦一顿猪肉。定其两数，或回换买他鱼肉，亦只约猪肉钱数，以此可久。此持久之术，是以常为宗亲及相知交游言之。"

【译】晏元献写给兄长的亲笔信说："殊再拜。庄客已到达这里，知道大事已办完。日子也真快，哀痛无边，也是无可奈何。记文本和寄给我的生日衣服及孩子奶酪等信物，还有柑子、黄雀鲊等，均已收妥。路途太远不须再烦神伤财，何况人情能有什么穷尽。……曾见范应辰带着全家人持斋千日，自己还说：'一要劝全家人吃清淡素雅为好，二要减少吃鱼肉所花的费用，作为维持生活的方法。'后来果然

---

① 奈何：怎么办，表示也没有什么办法。

② 奶子：奶酪等。这里泛指小儿食品。

③ 甘子：似指柑橘一类。

④ 黄雀鲊（zhǎ）：用黄雀腌制的食品，制法不清楚。鲊，一般指经过腌制的鱼类食品。

⑤ 范应辰：人名。

⑥ 持千斋：持千日斋。持斋，本指信佛的人持守戒律而食素。白居易有诗曰："白日持斋夜半禅。"

⑦ 破：破斋开荤之意。

置得一两处庄园和宅第，……我家里的仆人使役等，到现在也是两天破斋吃一顿猪肉。规定两天这个数字，或者轮换给他们买鱼来，也都只约莫花买猪肉所需的钱数，用这个办法可维持长久。这个维持长久的办法，我也经常对亲戚和相知的朋友们说起。"

郑文肃取仓腐粟为己俸饭

郑文肃天休①，初为湖北漕②，荆南③屯④禁卒⑤哗言⑥，仓粟腐不堪食。公命掌廪者⑦，给为己俸。因会客曰，试取作饭，举匕⑧而尽。曰："孰谓不可食邪？"哗者遂息。

【译】郑文肃郑天休，刚任湖北漕运使时，荆南屯守备的兵士吵闹不休，说是粮仓粟米陈腐不堪食用。郑公命令管理粮仓的官员，用仓里的粟米作为郑公自己的俸禄。一天碰上请客，就试着拿这米做饭吃，郑公端起碗来就吃得一干二净。还说："谁说不能吃呀？"于是吵闹的人也就不作声了。

---

① 郑文肃天休：人名，名与字合写。

② 漕：通过水道运送粮食。这里指的是"漕运使"，为主管漕运的官吏。

③ 荆南：本为唐代方镇名，治所在荆州（今湖北江陵）。

④ 屯：屯粮之所。

⑤ 禁卒：守卫兵士。

⑥ 哗言：乱吵。

⑦ 掌廪（lǐn）者：管理粮仓的人。廪，粮仓。

⑧ 匕：饭匙。古代食饭用匕，《说文》："匕，所以取饭。"

卷十三　记事

（选三条）

杨震急逐鹤去

徽宗①在藩邸②，杨震③给侍左右④，最为周慎⑤。尝有双鹤降于中庭，左右皆贺。震急逐去⑥，曰："是鹳⑦，非鹤。"又一日，芝⑧生于寝阁⑨，左右复称庆。震急刈除⑩，曰："是菌⑪，非芝。"由此信任弥笃⑫。

【译】徽宗住在藩邸，大将杨震在左右侍候，他非常周到谨慎。曾有双鹤降落在庭院中，左右官员都向徽宗贺喜。杨震赶忙驱走，说："那是鹳鸟，并不是鹤。"又有一天，寝殿上长出灵芝来，左右官员又要庆贺。杨震急忙将它铲

---

① 徽宗：北宋皇帝赵佶（公元1082—1135年），被金兵俘后，押送至五国城（今黑龙江依兰），被折磨而死。

② 藩邸：犹如离宫、行宫，皇帝在京城外的住所。

③ 杨震：北宋末将领，字子发（公元1083—1126年），代州崞（今山西原平）人。

④ 给侍左右：在身边侍候。

⑤ 周慎：周到。

⑥ 逐去：驱走。

⑦ 鹳（guàn）：形状像鹤，嘴长，翼大，尾圆短。

⑧ 芝：灵芝，菌类植物，菌盖呈肾脏形。可药用。

⑨ 寝阁：寝殿，卧室。

⑩ 刈（yì）除：割除。刈，割。

⑪ 菌：蕈，为伞菌一类的植物，无毒的可食，如香菇、蘑菇。

⑫ 信任弥笃（dǔ）：更加受到信任。弥，更加。笃，深，甚。

除,说:"这是菌子,不是灵芝。"从此他更加受到信任。

御赐酒名"清醑"

政和三年①六月,郑绅②奏以:"皇后弟许造酒,元名'坤仪',欲乞别赐酒名。"奉御笔③赐名"清醑④"。

【译】政和三年六月,郑绅上奏道:"皇后弟许酿造酒,开始取名叫'坤仪',想请圣上另赐一个酒名。"徽宗御笔一挥,赐名为"清醑"。

唐宋运漕米数

唐居长安⑤,所运米数:天宝⑥中,二百五十万石;大中⑦中,一百四十万七千八百八十六石。盖唐自大中以后,诸侯跋扈⑧,四方之米渐不至故耳。惟本朝东南⑨岁漕米六百万石,以此知本朝取米于东南者多矣。然以今日计,诸

---

① 政和三年:公元1113年。政和为宋徽宗年号之一。

② 郑绅:人名。

③ 御笔:皇帝所书。

④ 醑(xǔ):美酒。庾信《灯赋》:"中山醑清。"

⑤ 长安:唐代都城,筑于隋代,包括今陕西西安城和城东、南、西一带,周围六十七里。汉长安城在今陕西西安市西北。

⑥ 天宝:唐玄宗在位年号之一,即公元742—756年。

⑦ 大中:唐宣宗在位年号,即公元847—859年。

⑧ 跋扈(hù):狂妄,专横。

⑨ 东南:东南各地,即今江、浙、闽、赣一带。

路^①共六百万石，而江西^②居三之一，则江西所出为尤多。

【译】唐都城在长安，漕运米数量为：天宝年间，二百五十万石；大中年间，一百四十万七千八百八十六石。由于唐代从懿宗大中年以后，诸侯们愈加狂妄，各地的米逐渐也就运不到了。只有本朝东南地区一年漕运米六百万石，由此可知本朝从东南地区取得的米相当多。不过以现在的数字看，各路运米总数共六百万石，而江西就占了三分之一，可见江西的米出得更多。

---

① 诸路：东南各路，指江南东路、江南西路、两浙路、福建路等。

② 江西：江南西路，辖境为今江西。

卷十四　记文
（选一条）

大辽使谢赐柑《表》

崇宁三年①，大辽②贺生辰③使至，赐宴，且赐柑④。有《谢表》云……

【译】崇宁三年，大辽国祝贺徽宗生辰的使者来了，徽宗赐宴，并且还赐了柑橘。辽使者有《谢表》说……

---

① 崇宁三年：公元1104年。崇宁，为宋徽宗赵佶年号之一。

② 大辽：辽国。契丹族于公元916年在北方建立的政权，国号契丹，公元947年改国号为辽。公元1152年为金所灭。

③ 生辰：生日。这里指皇帝生日。

④ 柑：果皮较厚，易剥离，因树性与橘相似，常称"柑橘"。果实比橘大，味酸甜。

类对

（选二条）

肉食者谋

《春秋左氏传·庄公十年①》："十年春，齐师伐我②，公将战，曹刿③请见。其乡人④曰：'肉食者⑤谋之，又何间⑥焉？'刿曰：'肉食者鄙⑦，未能远谋。'乃入见。"刘向⑧《说苑》："有东郊祖朝⑨者，上书于晋献公⑩曰：'愿请闻国家之计。'献公使人告之曰：'肉食者已虑之矣，藿食者⑪又何预⑫焉？'祖朝曰：'肉食者一旦失计于庙堂⑬之

---

① 庄公十年：公元前684年，齐桓公即位第二年。

② 我：这里指鲁国。

③ 曹刿（guì）：春秋时鲁国大夫，即曹沫。陪乘庄公指挥长勺之战，后在齐鲁会盟时，又身怀利刃劫持齐桓公，求归还侵鲁之地。

④ 乡人：同乡人。

⑤ 肉食者：吃肉的人。指官僚、贵族等上层统治者。

⑥ 间：参与。

⑦ 鄙：庸俗，浅陋。

⑧ 刘向：西汉经学家、目录学家、文学家。字子政（公元前77—前6年），沛（今江苏沛县）人。官至中垒校尉。有《新序》《说苑》及《别录》等。

⑨ 祖朝：人名。

⑩ 晋献公：春秋晋国君，武公子，名诡诸。在位二十六年（公元前677—前651年）。

⑪ 藿（huò）食者：吃蔬菜的人。这里指普通平民阶层。藿，本指豆类作物的叶子，泛指蔬菜。

⑫ 预：干预，参与。

⑬ 庙堂：朝廷，帝王处理政事的地方。

上，若臣等藿食，宁得无肝胆涂地于中原之野①？其祸亦及臣之身，安得无预国家之计乎？'"

【译】《春秋左氏传·庄公十年》中记载："鲁庄公十年的春天，齐国军队就要进攻鲁国了，庄公准备迎战，曹刿请求庄公接见。曹刿的乡亲说：'那都是统治者考虑的事情，你又何必去参与呢？'曹刿说：'肉食者都很浅陋，不可能想出什么好主意。'于是就去见庄公。"刘向的《说苑》中记载："东郊有个叫祖朝的人，上书给晋献公说：'希望能听听我为国家想定的大计'。献公让人告诉他：'统治者早已考虑好了，平民百姓何必操这份心思？'祖朝说：'统治者万一失计于朝廷之上，像我们这些平民百姓，岂不都得在战场上肝胆涂地？这样的灾祸也会降到我身上，我怎么能不参与国家大计呢？'"

劳薪② 饭

晋荀勖③尝在帝④坐进饭，谓在坐人曰："此皆劳薪所炊。"咸⑤未之信。帝遣问膳夫，乃云："实用故车脚⑥。"

---

① 中原之野：此处即指战场。

② 劳薪：运载工具，析以为薪，故称劳薪。薪，柴火。

③ 荀勖（xù）：西晋大臣，字公曾（？—公元289年）。司马炎代魏，连拜中书监、侍中、尚书令。著《中经新簿》，开创图书四部（经、史、子、集）分类法。

④ 帝：指晋朝建立者司马炎（公元236—290年），即晋武帝。

⑤ 咸：都。

⑥ 车脚：车轮。此节记载见《晋书·荀勖传》。

《北史·王邵传》载:"昔师旷①食饭,云是劳薪所爨②,晋平公③使视之,果然车轴。"

【译】晋荀勖曾在晋武帝府中吃饭,他对在座的人说:"这都是用劳薪烧的饭。"人们都不相信。武帝叫人去问膳夫,说:"真是用的旧车轮。"《北史·王邵传》记载:"有一次师旷吃饭,说饭是用劳薪煮的,晋平公叫人去一看,果然是车轴。"

---

① 师旷:人名。
② 爨(cuàn):烧火做饭。又指灶。
③ 晋平公:春秋晋国君,名彪。在位二十六年(公元前557—前531年)。

卷十五 方物

（选二十九条）

卢桔

　　唐庚子西①《李氏山园记》云："枇杷、卢桔②，一也。"而《上林赋》③曰："卢桔夏熟，黄甘橙楱④，枇杷橪⑤柿，亭⑥柰⑦厚朴⑧。"则一物为二物矣。然予观张勃⑨《吴录》⑩曰："建安郡⑪中有桔，冬月于树上覆裹之。至明年春夏，色变青黑，味尤绝美。《上林赋》云：'卢桔夏熟'，卢，黑也。盖近是乎？"以上皆张说。然则未可知相

---

① 唐庚子西：人名，姓唐名庚，字子西（公元1071—1121年）。北宋诗人，眉州丹棱（今四川丹棱）人。有《眉山唐先生文集》。

② 卢桔：一说为金柑别名，一说为枇杷。《汇苑》说，广东人呼枇杷为卢橘。

③ 《上林赋》：有上林苑，秦始皇时所修，汉武帝又收为官苑。苑周围二百余里，在今陕西西安西及周至、户县。司马相如作赋咏其景物及畋猎，名《上林赋》。

④ 黄甘橙楱（còu）：郭璞注黄甘为橘属。楱，亦橘之类，又曰小橘。《说文》："橙，桔属也。"此句分言几种不同的柑橘。

⑤ 橪（rǎn）：郭璞注为"支木"。《说文》以为是酸小枣。

⑥ 亭：山梨。

⑦ 柰（nài）：今之苹果，又曰沙果。

⑧ 厚朴：又名厚皮、重皮等，落叶乔木。以皮入药，治反胃、呕吐、寒湿泻痢等。

⑨ 张勃：人名。晋人。

⑩ 《吴录》：共一卷。记三国时故事。

⑪ 建安郡：三国吴分会稽郡置，治所在建安（今福建建瓯）。辖境相当于今福建省，后有缩小。

如①为失。兼应劭亦引《伊尹书》②曰："箕山③之东，青鸟之所④，有卢桔夏熟。"

【译】唐子西《李氏山园记》说："枇杷、卢橘，是一回事。"而司马相如《上林赋》说："卢桔夏熟，黄甘橙楱，枇杷橪柿，亭奈厚朴。"则又是说一物为二物。不过我读到张勃《吴录》中说："建安郡中生长一种橘子，冬天在树上用东西包裹起来。到第二年春夏之交，颜色变得青黑，味道特别美。《上林赋》说：'卢桔夏熟'，卢即黑色之意。大概指的就是这吧？"以上都是张勃的话。不过还不知司马相如错没错。又应劭也引述《伊尹书》说："箕山之东，青鸟曾降落的地方，有卢橘夏天成熟。"

桔渡江为枳

《韩诗外传》⑤："晏子⑥曰：'王不见夫江南之树乎，名桔。树之江北则为枳⑦，何则？土地使然耳。'"故《博

---

① 相如：司马相如，《上林赋》作者。

② 《伊尹书》：传为商代伊挚所作，今存清人马国翰辑本。

③ 箕山：有多处。此指今河南登封东南箕山，传尧时许由隐此山。

④ 青鸟之所：青鸟落脚的地方。《汉武故事》："七月七日忽有青鸟飞集殿前。东方朔曰：'此西王母欲来。有顷王母至。'"后人借用青鸟为信使的雅称，青鸟实为传说中的神鸟。

⑤ 《韩诗外传》：共十卷，汉代燕人韩婴所撰。本分内、外传，今唯存《外传》。

⑥ 晏子：春秋齐国正卿。字仲平（？—公元前500年），名婴，夷维（今山东高密）人。战国人收集其言行，编成《晏子春秋》内外篇，凡八卷二百一十五章。

⑦ 枳（zhǐ）：也叫枸橘，灌木或小乔木。果似橘，圆形，可供药用，治胸腹胀满、胃痛、解酒毒。

物志》亦言"桔渡江化为枳,江北之桔未尝化也"。《本草》有枳壳①,乃江衣臭桔②耳。潘安仁③为贾谧④作《赠陆机⑤诗》云:"在南称柑,渡北则橙⑥。"橙非非枳也,无乃⑦误乎?

【译】《韩诗外传》记:"晏子说:'王不见江南有一种树,名叫橘。橘树种到江北则变为枳,这是什么原因?主要是因为土地的关系。'"所以《博物志》也说:"橘过江变成枳,江北的橘也有未曾变化的。"《本草》记有枳壳一药,就是江衣所说的臭橘。潘安仁为贾谧作的《赠陆机诗》说:"在南称柑,渡北则橙。"橙并不是枳,岂不是搞错了吗?

---

① 枳壳:枳皮。

② 臭桔:枸橘,又称野橙子、唐橘、野梨子等。

③ 潘安仁:西晋文学家,名岳(公元247—300年),荥阳中牟(今河南中牟东)人。官至给事黄门侍郎,今传《潘黄门集》。

④ 贾谧(mì):西晋人。字长深,官侍中。曾与贾后诬陷太子。

⑤ 陆机:西晋文学家。字士衡(公元261—303年),吴郡华亭(今上海松江西)人。今传《陆士衡集》为后人辑本。

⑥ 橙:这里显然是误说,橙主要产自江南,并不是橘在江北变成的。

⑦ 无乃:表示不以为然,有"岂不是"之意。

子鱼①通印蠔②破山

山谷③《送曹子方④赴闽漕诗》:"子鱼通印蠔破山,不但蕉黄荔子丹⑤。"子鱼出于兴化军⑥通应庙前,语讹以应为"印"。或曰,子鱼以容印⑦者为佳,故王荆公诗云:"长鱼俎上通三印⑧,新茗⑨斋中试一旗⑩",则此说"容"可信也。东坡诗亦云:"通印子鱼犹带骨。"然山谷以蠔而云"破山",则理不可晓。按,《番禺记》⑪云:"蠔之壳,即药中之牡蛎⑫也。有高四、五尺者,水底见之,如崖岸⑬然,故呼为山。"今山谷谓之"蠔破山",岂取蠔肉之谓

---

① 子鱼:又名鲚鱼、凤尾鱼、刀鱼、毛花鱼等,体长15—30厘米。《本草纲目》说"鲚煎甚美,烹煮不如"。

② 蠔(háo):同"蚝"。

③ 山谷:黄庭坚(公元1045—1105年),北宋文学家、书法家。字鲁直,号山谷道人,洪州分宁(今江西修水)人。曾任宣州、鄂州知事。有《山谷集》、草书《廉颇蔺相如列传》等。

④ 曹子方:人名。

⑤ 蕉黄荔子丹:香蕉黄,荔枝红。

⑥ 兴化军:行政区划名。治所在兴化(今福建莆田北),后移治莆田(今福建莆田县)。

⑦ 容印:装得下大印。与"通印"意同。

⑧ 长鱼俎上通三印:此言鱼之大,指子鱼中较大者。

⑨ 新茗:新茶。茗,茶芽,泛指茶。

⑩ 旗:幼嫩的茶叶。一旗即一叶嫩茶。

⑪ 《番禺记》:《番禺杂记》,全一卷,唐代郑熊撰。

⑫ 牡蛎:一种海产贝类。肉鲜美,壳可入药,治虚劳烦热、遗精盗汗等。

⑬ 崖岸:崖壁。岸,崖也。

耶？然韩退之①亦云："蚝相粘如山。"

【译】山谷《送曹子方赴闽漕诗》中说："子鱼通印蚝破山，不但蕉黄荔子丹。"子鱼出自兴化军通应庙前，由于讹传通应变成了"通印"。有的说，子鱼以能容得下印的为好，所以王荆公有诗说"长鱼俎上通三印，新茗斋中试一旗"，那么这里说是"容"还是可信的。苏东坡也有诗说："通印子鱼犹带骨。"不过山谷把蚝说为"破山"，其中的道理还不知道。按，说："蚝的外壳，就是药方中说的牡蛎。有的高达四五尺，从水底看去，就像崖岸一样，所以把它叫作山。"现下山谷说成是"蚝破山"，岂是对蚝肉而言的吗？不过韩愈也有诗说："蚝相粘如山。"

仙茅

洪州②西山有谌母观③，母乃许旌阳④授道之师也。观有母所种仙茅⑤，与今山野中所产者不相远。第⑥采以作汤，则香味差别耳。少年饮之，至于口鼻出血，盖性极暖也。然

---

① 韩退之：韩愈（公元 768—824 年），唐代中期文学家。邓州南阳（今河南南阳）人。官至吏部侍郎，有《韩昌黎集》。

② 洪州：本隋时所置，治所在今江西南昌。

③ 谌（chén）母观：道观名。谌母，崇信母之意。母，指许真君道师。谌，信也。

④ 许旌阳：许真君，晋时道士，名逊字敬之。拜蜀旌阳令，故称许旌阳。

⑤ 仙茅：又名婆罗门参、天棕、山兰花等。多年生草本植物，生南方。根茎入药，有温肾阳、壮筋骨之功，治阳萎精冷、小便失禁、崩漏、痈疽。

⑥ 第：但是。

《抱朴子》①云："尧②时有草，夹阶而生，随月开落，名萱荚③，又名历荚，又名仙茅。"不知其种是否此？按，《本草》注"仙茅方"云："明皇④服钟乳⑤不效，开元⑥婆罗门⑦僧进仙茅药，服之有效。"故东坡《谢王泽州⑧寄长松诗》云："无复青粘⑨和漆叶⑩，枉将钟乳敌仙茅。"漆叶，出《华佗传》⑪。

【译】洪州西山有座谌母观，这母就是授术许真君的道师。观内有母所种的仙茅，与现在的山野中所生长的差不太多。但是把它们采回煎汤，香味则有很大差别。年轻人喝了这仙茅汤，严重的口鼻都会出血，因为它的药性极暖。可是

---

① 《抱朴子》：西晋葛洪撰。内篇论丹方药术，系神仙家言；外篇详论世事得失。

② 尧：传说中陶唐氏部落长，炎黄联盟首领，名放勋。原居冀方（今河北唐县一带），后迁至平阳（今山西临汾）。

③ 萱荚：忘忧草。这里指仙茅。

④ 明皇：唐玄宗李隆基。

⑤ 钟乳：石钟乳，主要成分为碳酸钙。研末入药可治虚劳、喘咳、阳痿及乳汁不通等症。

⑥ 开元：唐玄宗李隆基年号之一，即公元713—741年。

⑦ 婆罗门：古国名。指古印度，意为"婆罗门众之国"。我国自东汉后即以此称古印度。

⑧ 王泽州：人名。

⑨ 青粘：又名女草、山姜等，多年生草本植物。浆果球形，根茎入药，治热病阴伤、咳嗽、烦渴、小便频数等症。

⑩ 漆叶：漆树叶。可治紫云疯、外伤出血、疮疡溃烂。外用捣汁涂敷或煎水洗。

⑪ 《华佗传》：载《三国志·魏书》。华佗，东汉末医学家。字元化，沛国谯（今安徽亳州）人。后为曹操所杀。

《抱朴子》中说:"尧时有一种草,生长在阶道两边,随着月亮的起落而荣枯,名叫萱荚,又叫历荚,又名为仙茅。"不知谌母观种的是否就是这一种?按,《本草》注"仙茅方"说:"唐明皇服食钟乳不见有效,开元年间婆罗门僧人进奉仙茅药,服食后有效。"故此苏东坡《谢王泽州寄长松诗》写道:"无复青粘和漆叶,枉将钟乳敌仙茅。"漆叶一名,出于《华佗传》。

绵竹绿茶

茶之贵白,东坡能言之。独绵州①彰明县②茶色绿,白乐天诗云:"渴尝一盏绿昌明",彰明即唐昌明县。卢仝③诗云:"天子初尝阳羡茶④",当时建茶⑤未有名也。

【译】茶叶以白珍贵,苏东坡能说出其中道理。独有绵州彰明县茶色是绿的,白居易有诗说"渴尝一盏绿昌明",彰明就是唐代昌明县。卢仝的诗说"天子初尝阳羡茶",当时建茶还没有名气。

---

① 绵州:隋改潼州曰绵州,治所在今四川绵阳。

② 彰明县:唐之昌明县,宋改为彰明,在今川西地。

③ 卢仝(tóng):唐代济源(今河南济源)人。自号玉川子,好饮茶为茶歌,死于"甘露之变"。

④ 阳羡茶:阳羡所产茶,古有"沿茶誇阳羡"之说。阳羡故城在今江苏宜兴南。

⑤ 建茶:又名建茗,建溪所产茶。建溪在今福建建瓯,唐时属建州。

贡茶贵早

贡茶以早为贵。李郢①《茶山贡焙②歌》云:"陵烟触露③不停采,官家赤印连帖催。"刘禹锡④《试茶歌》云:"何况蒙山⑤顾渚⑥春,白泥赤印走风尘⑦。"袁高⑧《茶山作》亏:"阴岭茅未吐⑨,使者牒已频⑩。"三诗皆及赤印与牒也。

【译】向朝廷进贡的茶以早的为珍贵。李郢《茶山贡焙歌》写道:"陵烟触露不停采,官家赤印连帖催。"刘禹锡的《试茶歌》写道:"何况蒙山顾渚春,白泥赤印走风尘。"还有袁高的《茶山作》也说:"阴岭茅未吐,使者牒已频。"这三个人的诗都说到了红印与牒文。

---

① 李郢:人名。

② 焙:烧、烤。

③ 陵烟触露:在雾露之中,为极早之意。烟,雾。

④ 刘禹锡:唐朝文学家、哲学家。字梦得(公元772—842年),洛阳人。官检校礼部尚书,有《刘宾客集》。

⑤ 蒙山:茶名,指四川蒙山所产茶。

⑥ 顾渚(zhǔ):亦茶名,顾渚所产。顾渚在浙江长兴西北。苏东坡诗:"千金买断顾渚春。"

⑦ 白泥赤印走风尘:意为官府文帖催得很紧。白泥赤印,代指官方文书。走风尘,言急切之貌。

⑧ 袁高:唐代人,字公颐,官给事中。

⑨ 茅未吐:草还没长出来。茅,即草。指季节尚早。

⑩ 使者牒已频:官府派使者已送来多次牒文了。牒,文书。

栗如拳

《越州图经》①载如拳之栗②,如锦之桑。政和③中,诏④本州贡焉。栗固大于他州,然如拳者,终不可得。杜子美《夔府⑤诗》云:"色好梨胜颊⑥,穰多栗过拳⑦。"

【译】《越州图经》记载说越州有像拳头一样大的栗子和像锦缎一样美的桑树。政和年间,诏令州里向朝廷进贡。栗子虽然大过其他州的,可是要说大如拳头的,那是怎么也找不到的。杜子美《夔府诗》说:"色好梨胜颊,穰多栗过拳。"

车螯

绍兴三年⑧,始诏福唐⑨与明州⑩,岁贡车螯肉柱⑪五十

---

① 《越州图经》:宋李宗谔(è)撰。越州,治所在今浙江会稽。

② 如拳之栗:像拳头大的栗果。

③ 政和:宋徽宗在位年号之一,公元1111—1118年。

④ 诏:皇帝下的命令或文告。

⑤ 夔(kuí)府:夔州府,辖境相当于今四川奉节、巫溪、巫山、云阳等地,治所在奉节。

⑥ 色好梨胜颊:梨色很好胜过人的脸颊。颊,脸的两侧,脸蛋。

⑦ 穰多栗过拳:栗瓤多至大如拳。穰,同"瓤",瓜果里面的肉。

⑧ 绍兴三年:公元1133年。绍兴为宋高宗在位年号之一。

⑨ 福唐:县名,即今福建福清市。

⑩ 明州:唐置,以四明山得名。治所在今浙江宁波。

⑪ 车螯(áo)肉柱:车螯为介壳类之一种。肉柱,亦称闭壳筋,为介壳类短厚的筋骨。

斤。俗谓之红蜜丁，东坡所传"江瑶柱"是也。时曾子①开感而赋诗，略云："岩岩九门深②，日举费十万③。忽于泥滓中，得列方丈案④。腥咸置齿牙，光彩生顾眄⑤。从此辱虚名，岁先包桔献⑥。微生知几何，得丧孰真赝⑦？玉食⑧有云补，刳肠⑨非所患。"

【译】绍兴三年，首次诏令福唐和明州，每年进贡车螯肉柱五十斤。俗称为红蜜丁，苏东坡所说的"江瑶柱"就是此物。当时曾子因感叹此事而赋有一首诗，诗中大概说："岩岩九门深，日举费十万。忽于泥滓中，得列方丈案。腥咸置齿牙，光彩生顾眄。从此辱虚名，岁先包桔献。微生知几何，得丧孰真赝？玉食有云补，刳肠非所患。"

橄榄有五种

橄榄，岭外⑩有五种：一曰丁香橄榄，此以其形；二曰

---

① 曾子：曾巩（公元1019—1079年），北宋末文学家。字子固，建昌南丰（今江西南丰）人。官至中书舍人，有《元丰类稿》。

② 岩岩九门深：皇城皇宫。九门，天子九门。岩岩，高大之貌。

③ 日举费十万：指皇帝饮食花费之大。

④ 方丈案：大案桌，形容肴馔之丰盛。《孟子·尽心》："食前方丈。"

⑤ 顾眄（miǎn）：回头看。

⑥ 岁先包桔献：比橘子早些时贡献。包桔，即橘包。

⑦ 得丧孰真赝：此句叹人生短暂，不知所得饮食是否都有益处。得丧，得失。孰，哪个。真赝，真与假。

⑧ 玉食：美食。《列子·周穆王》："旦旦荐玉食。"

⑨ 刳肠：割肠。伤肠胃之意。

⑩ 岭外：岭南之地。

故橄榄；三曰蛮橄榄，此以其所出呼之；四曰新妇橄榄，以其短矮而小；五曰丝橄榄，此以其子紧小，唯出桂府①阳朔县②。土人食之，必去两头，云有大热。

【译】橄榄，生长在岭外的分五种：第一种叫丁香橄榄，是以它的形状而取的名；第二种叫故橄榄；第三种叫蛮橄榄，是以它的生长地取的名；第四种叫新媳妇橄榄，因为它的树干短矮、果实也小；第五种叫丝橄榄，因它的果实细小而得名，只在桂府阳朔县有出产。当地人吃橄榄，必得削去首尾两头，据说因为橄榄两头性有大热。

苦笋甜咸齑淡

庐山③简寂观，乃陆修静④之居也。观出苦笋⑤，而味反甜。归宗寺⑥造咸齑⑦，而味反淡。盖山中佳物也。山中人语曰："简寂观前甜苦笋，归宗寺里淡咸齑"，盖纪实耳。张芸叟⑧《简寂观诗》云："偃松拂尽煎茶石⑨，苦笋撑开礼斗

---

① 桂府：桂州，治所在今广西桂林。
② 阳朔县：今广西桂林管辖。
③ 庐山：在江西九江南。海拔1474米。有白鹿洞等名胜古迹，是我国著名的风景区。
④ 陆修静：南朝宋人。字见寂，曾与陶渊明游。
⑤ 苦笋：箬竹之笋，主要产地有浙江、江苏、江西。入药可治面黄、消渴和脚气。
⑥ 归宗寺：古寺庙名。
⑦ 咸齑（jī）：捣碎姜、蒜或韭菜成细末，再用咸盐腌成。
⑧ 张芸叟：人名。
⑨ 偃松拂尽煎茶石：煎茶之多连松枝都烧尽了。偃松，一种枝叶扫地的矮松。

坛①。"《归宗寺诗》云:"淡斋苦笋千人供②,青磬③华香④一谷传⑤。"亦所以纪事也。

【译】庐山有座简寂观,是陆修静居住的地方。简寂观出苦笋,不过味道反而是甜的。归宗寺制作的咸斋,味道反而很淡。这都是山中的美味。山里人说"简寂观前甜苦笋,归宗寺里淡咸斋",所说的便是此事。张芸叟的《简寂观诗》说:"偃松拂尽煎茶石,苦笋撑开礼斗坛。"《归宗寺诗》则说:"淡斋苦笋千人供,青磬华香一谷传。"也都是记录此事之诗。

楮子

京师中太一宫⑥道士房,有楮⑦结子如杨梅。徽宗车驾临观之,曰"拟梅轩"。李似矩⑧、吴正仲⑨皆有诗。正仲诗云:"阴阴绿叶不胜垂,著子⑩全多欲压枝。自得君王

---

① 苦笋撑开礼斗坛:苦笋长成装满一大坛为礼物。

② 千人供:可供千人食用,比喻产量之多。

③ 青磬:石磬,石质打击乐。这里泛指钟磬之声。

④ 华香:指香烛。

⑤ 一谷传:乐声与香气在同一条山谷传扬。

⑥ 太一宫:道宫。

⑦ 楮(chǔ):通称构树。叶似桑而粗糙,果圆形,熟时红色。

⑧ 李似矩:人名。

⑨ 吴正仲:人名。

⑩ 著子:结子。

一留顾①，故应雨露亦饶滋②。"其二云："五月霏霏雨不开③，若耶溪畔摘楞梅④。朱丸⑤忽向云窗⑥见，疑是灵根⑦越岭来。"其三云："谁将蜜渍借微酸⑧，小摘曾闻饤玉盘⑨。争似江南风致在⑩，瓶红初向绿阴看。"越州杨梅最佳，土人谓之"楞梅"。又北人以梅汁渍楮实，益以蜜⑪，作假杨梅。故正仲后二篇皆及之。

【译】京师里太一宫的道士房，有一棵楮树结的果子同杨梅相似。宋徽宗还曾乘车驾临观赏过，并名之为"拟梅轩"。李似矩和吴正仲皆有诗句咏此事。吴正仲的诗是："阴阴绿叶不胜垂，著子全多欲压枝。自得君王一留顾，故应雨露亦饶滋。"第二首写道："五月霏霏雨不开，若耶溪畔摘楞梅。朱丸忽向云窗见，疑是灵根越岭来。"第三首写道："谁将蜜渍借微酸，小摘曾闻饤玉盘。争似江南风致

---

① 自得君王一留顾：自从君王来观看以后。
② 故应雨露亦饶滋：因此雨露都比过去滋润多了。
③ 五月霏霏雨不开：梅雨不尽天也不晴。
④ 楞梅：依下文所说，越州人将杨梅称作"楞梅"。
⑤ 朱丸：太阳。此喻梅雨季中天忽然放晴。
⑥ 云窗：云缝。
⑦ 灵根：《事物异名录》引《云笈七籤注》："舌为灵根。"这里指太阳红似舌。
⑧ 借微酸：借助梅汁酸味腌渍楮实。
⑨ 饤玉盘：摆放在玉盘里。饤，摆设而不食用的果品。
⑩ 争似江南风致在：好似江南杨梅风味一般。
⑪ 益以蜜：再加上蜂蜜。益，加。

在，瓶红初向绿阴看。"越州杨梅最好，当地人称之为"楉梅"。北方人还用梅汁渍泡楮果，并加上蜂蜜，作成假杨梅。吴正仲后两首诗都说到了此事。

朝日莲

宋景文公①笔记，谓蜀中有莲，大如雀壳②，叶舒如钱③，干亦有丝。其萼④盛开则向日，朝则指东，亭午⑤则遡南，夕则西指，随日所至。蜀人⑥名曰"朝日莲"。予按，郑熊⑦《番禺杂记》⑧："海南有向日莲，花似木芙蓉⑨而极香。其花东西向日，至暮而谢。一呼夜合。"然则景文所记朝日莲，不特蜀中有也。

【译】宋子京笔记说蜀中有一种莲花，只有雀蛋一样大小，叶片展开也只有铜钱那么大，秆内也有丝。它的花盛开时向着太阳，早晨向东，中午偏南，下午向西，随着太阳转动。蜀人叫作"朝日莲"。按，郑熊《番禺杂记》说："海

---

① 宋景文公：宋子京。

② 雀壳：雀蛋。

③ 叶舒如钱：叶片舒展开大小如铜钱。

④ 萼（è）：花萼。

⑤ 亭午：正午，中午。

⑥ 蜀人：蜀地人，今四川、重庆人。

⑦ 郑熊：人名。

⑧ 《番禺杂记》：共一卷，唐郑熊撰。

⑨ 木芙蓉：也叫山芙蓉，落叶灌木或小乔木。秋季开花，大而有梗，有红、白、黄等色，供观赏。

南有一种向日莲，花像木芙蓉而且特别香。花朵东西随太阳而动，到天黑时就谢了。喊一声夜里就会闭合。"可见宋子京记述的朝日莲，不仅仅是蜀中才有。

樱笋厨

韩致光①《湖南食含桃②诗》云："苦笋恐难同象匕③，酪浆④无复莹蠙蛛⑤。"自注云："秦中⑥谓三月为樱笋时⑦。"乃知李淖⑧《秦中岁时记》所谓"四月十五日，自堂厨⑨至百司厨⑩，通谓之樱笋厨⑪"，非妄也。陈无己⑫《春怀诗》云："老形⑬已具臂膝痛，春事无多樱笋来。"

【译】韩致光的《湖南食含桃诗》写道："苦笋恐难同象匕，酪浆无复莹蠙蛛。"自作注解说："秦中将三月称为樱笋时。"可知李淖《秦中岁时记》所说的"四月

① 韩致光：人名。

② 含桃：樱桃。

③ 象匕：象牙匕，食器。

④ 酪浆：乳酪。

⑤ 蠙（pín）蛛：蚌珠，珍珠。蠙，古书上说的一种产珍珠的蚌。

⑥ 秦中：古地区名。含义与狭义的关中略同。指今陕西中部平原地区。

⑦ 樱笋时：阴历三月。《山堂肆考》："秦中谓三片为樱笋时。"

⑧ 李淖：人名，唐代人。著有《秦中岁时记》一卷。

⑨ 堂厨：一般的民厨。

⑩ 百司厨：官家之厨。百司，犹如百官。

⑪ 樱笋厨：做盛馔。初夏，樱桃熟，竹笋长，故有此名。

⑫ 陈无己：人名。

⑬ 老形：老朽之态。

十五日，从堂厨到百司厨，都叫作樱笋厨"，并不是没有根据的。陈无己的《春怀诗》说："老形已具臂膝痛，春事无多樱笋来。"

金鲫鱼

杭①之西湖有金鲫鱼②，投饼饵则出，则不妄食也。苏子美诗云："松桥叩金鲫，竟日③独迟留④。"东坡《游西湖诗》云："我识南屏金鲫鱼，重来拊槛⑤散⑥斋余⑦。"皆记其实。

【译】杭州西湖养有金鲫鱼，投下饼饵它就出来，但并不乱食。苏子美的诗说："松桥叩金鲫，竟日独迟留。"苏东坡的《游西湖诗》写道："我识南屏金鲫鱼，重来拊槛散斋余。"两首诗所记都是西湖实事。

肉芝⑧

东坡《肉芝诗·序》曰："顷⑨在京师，有凿井得如

---

① 杭：指杭州。

② 金鲫鱼：金鱼，为鲫鱼的变种。

③ 竟日：整日。

④ 独迟留：一个人迟迟不归。

⑤ 拊（fǔ）槛：拍打栏杆。拊，拍。

⑥ 散：撒下。

⑦ 斋余：吃剩的饭。斋，指信佛教和道教等宗教的人所吃的素食。

⑧ 肉芝：人参。别有将千岁蟾蜍作肉芝的，见《本草》及《太平寰宇记》；还有以蝙蝠和百岁燕名为肉芝的，见《事物异名录》。

⑨ 顷：最近，不久前。

小婴儿手以献者，臂指皆具，肤理如生。予闻之隐者^①曰：'此肉芝也'，与子由^②烹而食之。"予按，《仙传拾遗》^③载："进士萧静之^④掘地，得物类人手，肥润，色微红，烹食之。后遇异人^⑤曰：'尝食仙药'，因告之，曰：'肉芝，食之者寿。'"何东坡忘此耶？

【译】苏东坡的《肉芝诗·序》记载："最近在京师，有一个人掘井挖到一个像小婴儿手一样的东西送给了我，但见臂上还有手指，皮肤润滑就像真人的一样。我听隐士说，'这就是肉芝'，于是同兄弟子由把它煮熟后吃了。"按，据《仙传拾遗》记载："进士萧静之挖地时，挖到一件像人手的东西，样子肥实滑润，颜色微微发红，就做熟吃了。后来遇到一个古怪的人对他说：'看样子你是吃过仙药的人。'萧静之告诉他实情，他说：'那是肉芝，吃了能长寿。'"怎么苏东坡忘了这事呢？

---

① 隐者：隐居之士，多是政治上失意退居山野之人。
② 子由：苏辙（公元1039—1112年），北宋文学家，苏东坡之弟。官至门下侍郎。与父苏洵、兄苏轼合称"三苏"，同为"唐宋八大家"，有《栾城集》。
③ 《仙传拾遗》：共一卷，五代前蜀人杜光庭撰。
④ 萧静之：人名。
⑤ 异人：怪异之人。此处指道仙之类。

羌俗不食鱼

临洮①、枹罕②之地，自天宝③末，陷于羌④虏⑤。更数百年，其俗无复华夏之风。熙宁初⑥，王韶⑦划策，因唃厮啰⑧之衰，即压而取之，遂复七州。建昌军吕南公⑨言："临川⑩黄毅⑪尝往游焉，云羌俗不食鱼，鱼大如椽柱⑫臂股，河中甚多。人浴波间，鱼驯驯⑬不惊避。然则古人谓'智力出于网罟⑭，而后鸟乱于上，鱼惊于下'，岂不信乎！韶在熙河⑮，

---

① 临洮（táo）：古县名，治所在今甘肃岷县，以临洮水得名。

② 枹（fú）罕：郡名，治所在今甘肃临夏东北临夏。

③ 天宝：唐玄宗在位年号之一，即公元742—756年。

④ 羌：古代少数民族之一，分布在甘肃、青海、四川一带。

⑤ 虏：古代对少数民族的蔑称。

⑥ 熙宁初：熙宁初年，即公元1068年。熙宁为宋神宗年号之一。

⑦ 王韶：北宋将领。字子纯（公元1030—1081年），江州德安（今江西德安）人。官枢密副使。

⑧ 唃（gū）厮啰：一作嘉勒斯赉（公元997—1065年）。北宋青海东部藏族首领，建立吐蕃政权。

⑨ 吕南公：人名。

⑩ 临川：郡名，唐改抚州为临川郡，治所在南城（今江西南城东南）。

⑪ 黄毅：人名。

⑫ 椽柱：房梁和屋柱。

⑬ 驯驯：驯顺的样子。

⑭ 网罟（gǔ）：古时捕鱼捉鸟的网。罟，即网。

⑮ 熙河：路名，宋熙宁五年（公元1072年）青熙河路经略安抚使，治所在熙州（今甘肃临洮）。

始命为网,捕以供膳。其民相与嗟愕①曰:'熟谓此堪食耶?'"

【译】临洮和枹罕一带,自唐代天宝末年起,就被羌人占领了。过了几百年,羌人中还没有一点汉人风俗。熙宁初年,王韶上奏《平戎策》,趁吐蕃政权衰弱之机,攻取其地,于是收复七州。建昌军吕南公说:"临川人黄毅曾往羌地一游,说羌人没有吃鱼的习惯,那儿的鱼大得像房子的橡子和柱子、人的胳臂腿一样粗,河里特别多。人在河里洗浴,鱼在身边游也并不逃避。可见古人所说的'智力出于网罟,而后鸟乱于上,鱼惊于下',岂不真是如此!王韶在熙河时,开始教人结绳为网,捕鱼作为膳食。羌民见了都很惊讶地说:'谁说过这鱼还能吃呀?'"

石首鱼②

两浙③有鱼,名石首,云自明州④来。问人以石首之名,皆不能言。予偶读张勃《吴录·地理志》载:"吴娄县⑤有石首鱼,至秋化为冠凫⑥,言头中有石。"又《太平广记》云:"石首鱼,至秋化为冠凫,冠凫头中有石边也。"又

---

① 嗟(jiē)愕(è):惊讶,发愣。嗟,感叹。
② 石首鱼:黄花鱼,因头内生两颗小白骨如玉,故有石首鱼之名。
③ 两浙:路名,宋至道时十五路之一,治所在浙江杭州。又浙东和浙西合称两浙。
④ 明州:唐开元年置,因境有四明山得名,故治所在今浙江宁波。
⑤ 娄县:古县名,秦置。治所在今江苏昆山东北。
⑥ 冠凫(fú):古作石首鱼的异名。

《岭表录异》①云："石头鱼，状如鰄鱼②，随其大小，脑中有一石子，如荞麦，莹如白玉。"

【译】两浙有一种鱼，名叫石首，据说是从明州而来。要是问人说为何要以石首二字为名，都回答不上来。我偶然读到张勃的《吴录·地理志》，书中记载："吴地娄县有石首鱼，到秋天变成冠凫，说头中有小石。"又见《太平广记》说："石首鱼，到秋天化作冠凫，冠凫头中也有小石。"还有《岭表录异》也说："石头鱼，形状如鰄鱼，不论大小，脑内都有一块小石子，如荞麦粒一样，莹亮如同白玉。"

胡麻饼

《释名》③云："饼，并也。溲面④使合并也。胡饼，言以胡麻⑤著之也。"《晋书》⑥云："王长文⑦在市中啮⑧

---

① 《岭表录异》：唐地理著作，共三卷。刘恂（xún）撰，今存辑本。

② 鰄鱼：不明所云，鰄字不考。

③ 《释名》：共八卷，汉刘熙撰。以同声相谐，推论称名辨物之意。有的刊本名为《逸雅》。

④ 溲面：和面。溲，浸；泡。

⑤ 胡麻：芝麻。相传汉张骞由西域引种，故名胡麻。

⑥ 《晋书》：二十四史之一。唐房玄龄等撰。全书共一百三十卷。记载了包括西晋、东晋和十六国约二百四十年的历史。

⑦ 王长文：人名。

⑧ 啮（niè）：咬。

胡饼。"《肃宗实录》①云："杨国忠②自入市，衣袖中盛胡饼。"刘禹锡《嘉话》云："刘晏③入朝，见卖蒸胡饼之处，买啗④之。"此胡饼，皆胡麻之饼也。《缃素杂记》谓："张公⑤所论市井⑥有鬻⑦胡饼者，不晓名之所谓，乃易其为炉饼。"论此为误，诚然。

【译】刘熙《释名》上说："饼，并之意。和面，使它并合在一起。胡饼，是说用芝麻抹在饼上。"《晋书》上说："王长文在街市上吃胡饼。"《肃宗实录》记载："杨国忠自己进入街市，衣袖内装着胡饼。"刘禹锡的《嘉话》上说："刘晏上朝前，看到一个卖蒸胡饼的铺子，买来胡饼就吃。"这胡饼，说的就是带芝麻的饼。《缃素杂记》上说："张公所说街市上有卖胡饼的，不知这饼取名的含义，于是改名叫炉饼。"说这是错的，确实如此。

---

① 《肃宗实录》：从唐代起，每代皇帝死后，继嗣之君必命史臣撰修"实录"，作为皇帝统治时期的编年大事记。唐代仅存《顺宗实录》，余均散佚。肃宗，即唐八世皇帝李亨，为唐玄宗第三子。他在"安史之乱"玄宗西奔入川后即帝位，在位六年（公元756—761年）。

② 杨国忠：唐朝权臣。本名钊（？—公元756年），杨贵妃的堂兄。官右相兼吏部尚书。"安史之乱"时与玄宗仓皇出逃，途至马嵬（wéi）驿（今陕西兴平西）被士兵杀死。

③ 刘晏：唐代理财家。字士安（公元715—780年），曹州南华（今山东东明）人。官至吏部尚书。

④ 啗（dàn）：又写作"啖"，吃。

⑤ 张公：张某人。

⑥ 市井：街市，市场。指交易物品的场所。

⑦ 鬻（yù）：卖。另有买、育、粥诸义。

虾蟆

孙少魏①《东皋杂录》②曰："关右③人笑吴人④食虾蟆⑤。余考《东方朔传》⑥云：'汉都⑦泾⑧、渭⑨之南，水多鼃鱼⑩'师古曰：'鼃似虾蟆而小，长脚，人亦取食之。'又，《霍光传》⑪：'霍山⑫曰：丞相擅减宗庙⑬羔菟鼃⑭，可以此罪也。'则汉用以宗庙荐献⑮矣。"以上皆孙说。余按，《周礼》"蝈氏"⑯郑氏⑰谓："蝈，虾蟆，今御所食蛙

---

① 孙少魏：人名，即孙宗鉴，宋代人。其事迹不可考。
② 《东皋（gāo）杂录》：共一卷，是宋代孙宗鉴创作的笔记类著作。
③ 关右：关西，古人以西为右。汉唐泛指函谷关或潼关以西的地区。
④ 吴人：今江苏苏州一带的人。
⑤ 虾蟆：也写作蛤蟆。虾蟆为青蛙和癞蛤蟆的统称。
⑥ 《东方朔传》：载《汉书》。东方朔（公元前154—前93年），西汉大臣，文学家。后世称之为"仙人"。
⑦ 汉都：长安，今陕西西安。
⑧ 泾（jīng）：泾水。渭水的支流。
⑨ 渭：渭水。黄河的第一大支流，横贯关中盆地。
⑩ 鼃（wā）鱼：这里指青蛙。鼃，古同"蛙"。
⑪ 《霍光传》：载《汉书》。霍光（？—公元前68年），西汉政治家。字子孟，河东平阳（今山西临汾西南）人，骠骑将军霍去病之弟。官至大司马大将军。
⑫ 霍山：是汉将霍光兄长霍去病的孙子，以霍光功封乐平侯。
⑬ 宗庙：供奉祭祀祖先的场所。又称作祖庙，后世称祠堂，指家庙。
⑭ 羔菟（tù）鼃：羔，小羊。菟，通"兔"，《楚辞·天问》："顾菟在腹。"鼃，蛙。列举这三物，泛称用作祭祀的牺牲。
⑮ 荐献：进献。荐，即献。指进献祭品，或代指祭品。
⑯ 蝈氏：古官名，掌鼃黾。见《周礼·秋官》。
⑰ 郑氏：郑玄。

也。"然则汉以来，虽至尊亦食虾蟆矣。

【译】孙少魏《东皋杂录》上说："关右人笑话吴人吃蛤蟆。据我所考，《汉书·东方朔传》上说：'汉都城泾水和渭水以南，河水中有很多蛤蟆'。颜师古注说：'青蛙像蛤蟆的形状，略小，腿长，人们也有捕捉食用的。'又见《汉书·霍光传》记：'霍山说：丞相擅自决定减免宗庙祭奠用的羊、兔、青蛙，可抓住这一点治他的罪。'可见汉代已用青蛙当作宗庙的祭品。"以上都是孙少魏所说。按，《周礼》中的"蝈氏"，据郑玄注说："蝈，即蛤蟆，当今皇上所吃的蛙便是。"可见自汉代以来，尽管是一国之尊，也要吃蛤蟆。

鲎[①]

韩退之《南食诗》："鲎实如惠文[②]，骨眼相负行。"洪庆善[③]辨之曰："鲎，雌常负[④]雄。惠文，冠名。一本作'车文'。今《广韵》引《山海经》[⑤]注，亦作车文，未详"。以上洪说。予按，《文选[⑥]·左太子冲吴都赋》曰：

[①] 鲎（hòu）：节肢动物。头脑甲像马蹄形，腹甲略呈六角形，尾像剑。生活在海底，可食用。

[②] 惠文：武冠名，插貂尾为贵职。见《后汉书·舆服志》。

[③] 洪庆善：人名。

[④] 负：背。

[⑤] 《山海经》：古代地理名著，共十八卷，作者不详，成书于战国时期。

[⑥] 《文选》：梁昭明太子萧统选录秦汉三国以下各朝诗文，共六十卷，又名《昭明文选》。

"乘鲎鼋①鼍②，同罟共罗③。"刘渊林④注云："鲎，形如惠文冠，青黑色，十二足，似蟹。足悉在腹下，长五、六寸。雌常负雄行，渔者取之，必得其双，故曰乘鲎。南海朱崖⑤、合浦⑥诸郡皆有之。"五臣⑦注亦同。鲎音胡豆切，李善音"猴"。然则鲎形如惠文冠，无可疑者。退之盖本《文选》，而洪氏不援以为证，岂偶忘耶？《集韵》引《山海经》以"惠"为"车"，惠、车字相类，岂传写失其真欤⑧？其曰"骨眼相负行"者，按《物类相感志》⑨云："牝⑩牡⑪相随，牡者无目，得牝才行。牝去牡死，故江东取一，必获偶。"予又以陈无己《诗话》考之云："韩退之《南食诗》：'鲎实如惠文'，《山海经》曰：'鲎如惠文'，惠文，秦冠也。"乃知《山海经》亦以为"惠文"，

---

① 鼋（yuán）：元鱼、鳖一类的动物。

② 鼍（tuó）：杨子鳄。

③ 同罟（gū）共罗：一同落网，同归于尽之意。罟，古代一种大渔网。罗，亦指网，通常指网鸟的网。

④ 刘渊林：刘良，唐初注《昭明文选》的"五臣"之一。

⑤ 朱崖：珠崖，郡名，今海南省海口市，治所在舍城（今海南琼山东南）。

⑥ 合浦：郡名。治所在合浦（今广西合浦东北）。

⑦ 五臣：指注释《昭明文选》的唐代五臣，即吕向、吕延济、刘良、张铣（shēn）、李周翰。

⑧ 欤（yú）：文言助词。表示疑问或感叹。

⑨ 《物类相感志》：共一卷，北宋诗人苏轼撰。

⑩ 牝（pìn）：雌性的鸟或兽。

⑪ 牡（mǔ）：雄性的鸟或兽。

《广韵》本误耳。

【译】韩退之的《南食诗》说:"鲎实如惠文,骨眼相负行。"洪庆善解释说:"鲎,雌的常背着雄的。惠文,是冠的名字。有的刊本作'车文'。现在《广韵》援引《山海经》注,也写作车文,有待考论。"以上都是洪庆善所说的。按,《文选·左太子冲吴都赋》说:"乘鲎鼋鼍,同罛共罗。"刘渊林作注说:"鲎,形状像惠文冠,颜色青黑,六对足,有点像螃蟹。足都长在腹下,长有五六寸。雌的常背负着雄的行走,渔人捕捉时总是能得一双,所以叫乘鲎。南海珠崖及合浦各郡都有鲎。"五臣所注与此相同。鲎读音为胡豆切,李善注音为"猴"。那么鲎的形状像惠文冠,是没有什么疑问的了。韩退之诗中的根据是《文选》,可洪庆善却没援引它来论证,难道是忘记了吗?《集韵》引述《山海经》说"惠"字为"车"字,惠、车两字实有些相似,也许是传写过程中弄错了吧?韩退之诗中"骨眼相负行"一句,据《物类相感志》所说:"雌雄总在一起,雄的没有眼睛,依靠雌的才得以行动。雌的一走,雄的就会死去,所以江东渔人只要得了一条鲎,就必定会得到另一条。"我还可用陈无己的《诗话》来考证,说:"韩退之《南食诗》:'鲎实如惠文',《山海经》说:'鲎如惠文',惠文,是秦代的冠名。"可知《山海经》也是写作"惠文",《广韵》原来是写错了。

建茶

　　建茶务①,仁宗初岁②,造小龙小凤③各三十斤,大龙大凤④各三百斤,入香、不入香、京挺⑤共二百斤,蜡茶⑥一万五千斤。小龙小凤,初因蔡君谟⑦为建漕⑧,造十斤献之,朝廷以其额外⑨免勘⑩。明年,诏第一纲⑪尽为之。故《东坡志林》⑫载温公⑬曰:"君谟亦为此耶?"

【译】建茶务在仁宗初年时,做小龙小凤茶三十斤,大龙大凤茶三百斤,入香、不入香、京挺茶共两百斤,蜡茶一万五千斤。小龙小凤茶,先是蔡君谟任建州漕运使时,造出十斤献给朝廷,朝廷以为这是额外的贡品而免于查问。到

---

① 建茶务:管理建茶生产的机构。宋时收税所曰"务"。

② 仁宗初岁:宋仁宗初年,即公元1023年。

③ 小龙小凤:茶叶名号。

④ 大龙大凤:茶叶名号。

⑤ 入香、不入香、京挺:均为茶叶名号,见《贡茶录》。

⑥ 蜡茶:茶叶名号。即蜡面茶,建州所产。《演繁续集》:"建茶名蜡茶者,为其乳泛汤面,与溶蜡相似,故名。"

⑦ 蔡君谟:人名。

⑧ 建漕:在建州管理漕运事务的官名。漕,即漕运使。

⑨ 额外:多余的,定额之外的。

⑩ 免勘:免除查问。勘,调查,查问。

⑪ 第一纲:唐宋时成批运送货物的组织叫纲,这里说的第一纲可能即为"茶纲",另有"盐纲""花石纲"等。

⑫ 《东坡志林》:共十二卷,北宋诗人苏轼撰。

⑬ 温公:对北宋大臣、史学家司马光的尊称。

第二年，诏令第一纲全收运龙凤茶。故此《东坡志林》记温公的话说："蔡君谟也做过此事吧？"

辨汤饼

黄朝英《缃素杂记》云："煮饼谓之汤饼，其来旧矣。按，《后汉·梁冀传》云：'进鸩①如煮饼。'《世说》载何平叔②面白，魏文帝③食以汤饼。又，梁吴均④称饼德⑤，曰'汤饼为最'。又《荆楚记》⑥：'六月伏日，并作汤饼，名为辟恶。'又，齐高帝⑦好食水引𩟄⑧。又《唐书·王皇后⑨传》云：'独不念阿忠⑩脱紫半臂⑪，易斗面，为生日汤饼耶？'《倦游杂录》⑫乃谓今人呼煮面为汤饼，误矣。"

---

① 鸩（zhèn）：传说中的毒鸟，用它的羽毛泡酒可毒死人，即为"鸩酒"。

② 何平叔：何晏，面色绝白，魏文帝怀疑他抹了粉，于是夏天叫他吃热汤饼，出大汗后擦拭面色不变。见《初学记》引《魏略》所记，又见《荆楚岁时记》。

③ 魏文帝：曹丕（公元187—226年），三国时魏国建立者。字子桓，曹操次子。公元220—226年在位。明人辑有《魏文帝集》。

④ 吴均：梁吴兴人，字叔庠。官至奉朝请。有《后汉书注》及《钱塘先贤传》等。

⑤ 德：实惠。《诗·大雅·既醉》："既饱以德。"

⑥ 《荆楚记》：宗懔（lǐn）的《荆楚岁时记》。

⑦ 齐高帝：萧道成（公元427—482年），南朝齐建立者。字绍伯，公元479—482年在位。

⑧ 水引𩟄（bǐng）：同"水煮饼"。𩟄，今作"饼"。

⑨ 王皇后：唐玄宗皇后。见《新唐书·后妃传上》。

⑩ 阿忠：为王皇后之父王仁皎。

⑪ 半臂：短袖衣。见《事物纪原》。

⑫ 《倦游杂录》：共一卷，宋代张师正撰。

以上皆黄说。予谓黄不见束皙[1]赋，故为是纷纷。束皙《汤饼赋》云："元冬[2]猛寒[3]，清晨之会。涕冻鼻中[4]，霜凝口外[5]。充虚解战[6]，汤饼为最。弱似春绵[7]，白若秋练[8]。气勃郁以扬布[9]，香飞散而远遍[10]。行人失涎于下风[11]，童仆空噍而斜眄[12]。擎器者舐唇[13]，立侍者干咽[14]。"云云。乃知煮面之为汤饼，无可疑者。《倦游杂录》与黄朝英皆不见此赋，惜哉！

【译】黄朝英《缃素杂记》中说："把煮饼叫作汤饼，那是很久远的事了。按，《后汉书·梁冀传》说：'进毒鸩像煮饼一样。'《世说新语》记载何平叔是个白脸，魏文帝

---

[1] 束皙（xī）：西晋史学家。字广微，阳平元城（今河北大名东）人。官佐著作郎、尚书郎。有《束广微集》，今存辑本。

[2] 元冬：冬天第一月。

[3] 猛寒：气温骤降。

[4] 涕冻鼻中：鼻涕都冻结在鼻孔里了。

[5] 霜凝口外：嘴外结着霜。

[6] 充虚解战：充饥止颤。战，通"颤"，颤抖。

[7] 弱似春绵：软如春天飘落的花絮。

[8] 白若秋练：洁白如秋天煮的丝。煮生丝令柔软洁白为练。

[9] 气勃郁以扬布：气味浓郁插散开来。郁，香气浓厚。布，漂散。

[10] 香飞散而远遍：浓香漂散传得很远。

[11] 行人失涎于下风：在下风方向行走的人，闻到香味都会流口水。

[12] 童仆空噍（jiào）而斜眄：童仆不由自主地空嚼着斜眼偷偷观看。噍，嚼。眄，斜眼看。

[13] 擎器者舐唇：拿盛汤饼容器的人禁不住要舔嘴唇。

[14] 立侍者干咽：站立在旁的侍人连咽喉都干了。比喻因馋嘴唾沫都咽干了。

给他汤饼吃。又有梁人吴均称赞饼很实惠，说'汤饼是第一的'。又《荆楚岁时记》中说：'六月天热，要做汤饼吃，说是用于辟除邪恶。'还有齐高帝喜欢吃水引饼。又见《唐书·王皇后传》中记载：'连阿忠脱去自己的上衣换来一斗面来做生日汤饼的事都不记得了吗？'《倦游杂录》中说今人把煮面叫作汤饼，那就错了。"以上都是黄朝英的话。我认为黄朝英未见到束皙的赋，才有这种说法。束皙《汤饼赋》中写道："元冬猛寒，清晨之会。涕冻鼻中，霜凝口外。充虚解战，汤饼为最。弱似春绵，白若秋练。气勃郁以扬布，香飞散而远遍。行人失涎于下风，童仆空噍而斜眄。擎器者舐唇，立侍者干咽。"等等。可知煮面就是汤饼，是没什么疑问的了。《倦游杂录》和黄朝英都没有提到束皙的这篇《汤饼赋》，真是太可惜了！

千里蓴羹，未下盐豉

黄朝英《缃素杂记》说："陆机说：'千里蓴①羹，未下盐豉，史所载止此而已。'或以为'千里''未下'皆地名，是未尝读《世说》而妄为之论也。《世说》说：'千里蓴羹，但未下盐豉耳。'盖洛中②去吴有千里之远，吴中蓴羹，自可敌羊酪。第以其地远，未可卒致③，故云'但未下

---

① 蓴（chún）：今写作"莼"，即水葵。蓴羹又见于《晋书·张翰传》："蓴羹鲈脍。"

② 洛中：指今河南洛阳一带。

③ 卒致：很快到达。

盐豉耳'。意谓蓴羹得盐豉尤美也。"以上皆黄说，予谓黄引《世说》，以攻①"末下为地名"之论，甚当。但推寻②句意未尽，何者？或人以"末下"为地名，正以史削去"但"一字而已。使其不削"但"一字，或人之疑亦无从而起矣。予以黄论来详明，故推而明之。

【译】黄朝英的《缃素杂记》中写道："陆机说：'千里蓴羹，末下盐豉，史籍上所记载的仅此而已。'有的以为'千里'和'末下'都是地名，这是因为未读《世说新语》才有的武断论说。《世说新语》中说：'千里蓴羹，但末下盐豉耳。'因为洛中离吴地有千里之远，吴中蓴羹本可超过洛中的羊酪。由于两地离得太远，不可能很快到达，所以说'但末下盐豉耳'。意思是说，蓴羹得有盐豉，味道才能更美。"以上都是黄朝英所说的。我认为黄朝英援引《世说新语》，来驳斥"末下为地名"的论点，十分恰当。不过推敲句意还不够完全，为何呢？有人认为"末下"是地名，恰恰是因为史籍删掉了一个"但"字的缘故。假使不删去这个"但"字，也许人们的怀疑就无从生起了。我认为黄朝英所说还不够清楚，故做此推断使其更明确。

---

① 攻：指责或驳斥。

② 推寻：推敲。

荔枝谱

蔡君谟守福唐①，以闽中②荔枝著谱。而郑熊亦尝记广中③荔枝，凡二十二种：

玉英子荔枝（如玉之英）；

燋核④荔枝（核小肉多）；

沉香⑤荔枝（以其香似）；

丁香⑥荔枝（以其核似）；

红罗⑦荔枝（甚细而红，其纹如罗）；

透骨荔枝（其他者皮皆外白，此内外皆红）；

牂牁荔枝（形似牂牁帽⑧）；

僧耆头荔枝（皮皱坚，如僧耆国⑨人，首发皆成丛脞⑩）；

水母子荔枝（浆多，如水母子⑪）；

---

① 福唐：县名。唐初置万安县，改曰福唐。五代改为福清，即今福建福清。

② 闽中：郡名，秦置，治所在冶县（今福建福州）。后世泛指福州附近一带。

③ 广中：今广东广州附近一带。

④ 燋（jiāo）核：指核像用火烧过一样。燋，又通"焦"。

⑤ 沉香：常绿乔木。也叫伽南香或奇南香，为著名的薰香料。

⑥ 丁香：乔木或小灌木，四五月间开花，香气芳郁。

⑦ 红罗：红色的罗。罗为丝织物的一种，质地轻薄，手感滑爽。

⑧ 牂（zāng）牁（kē）帽：形状不明。牂牁本为系船木桩，见《广韵》及《骈雅·释器》。

⑨ 僧耆国：疑指"僧加刺"，即师子国。为斯里兰卡的古称。

⑩ 丛脞（cuǒ）：细碎，烦琐。这里形容头发纠结为一小团一小团的。

⑪ 水母子：海蜇。

蒺藜荔枝（皮上皱纹，尖如蒺藜①）；

大将军荔枝、小将军荔枝（其树叶俱大小亦然②）；

大蜡荔枝、小蜡荔枝（子有大小者，皆熟而黄③）；

松子④荔枝（像其形也）；

蛇皮荔枝（纹如蛇皮）；

青荔枝（熟而青）；

银荔枝（熟而白）；

不忆子荔枝（一食而不复思）；

火山荔枝（火山在梧州⑤，既大而早，三月已可食）；

野山荔枝（野山，子小而酸涩，人少食）；

五色荔枝（出海南）。

好事者作荔枝馒头，取荔枝榨去水，入酥酪辛辣以含之。又作签炙⑥，以荔枝肉并椰子花⑦，与酥酪同炒，土人大嗜之。

【译】蔡君谟任福唐县知事时，将闽中荔枝编成谱。郑熊也曾记录过广中所产荔枝，共有二十二种：

---

① 蒺藜：一年生草本植物。茎平卧，有毛。果实有刺，可入药，主治头痛、风痒等。

② 亦然：也是如此。

③ 黄：色黄称"蜡"，所以将黄色荔枝称大、小蜡荔枝。

④ 松子：又称海松子，即松果子。

⑤ 梧州：治所在苍梧（今广西梧州）。

⑥ 签炙：以签穿肉炙烤。

⑦ 椰子花：椰子之花，为肉穗花，多分枝。

玉英子荔枝（如白玉中的最精美者）；

燋核荔枝（核小果肉多）；

沉香荔枝（因它的香气似沉香而得名）；

丁香荔枝（因它的核像丁香子）；

红罗荔枝（形细长并且颜色很红，细纹如红罗一般）；

透骨荔枝（别种荔枝外皮是白的，这种内外都是红色的）；

牂牁荔枝（形状像牂牁帽）；

僧耆头荔枝（外皮发皱且坚硬，样子像斯里兰卡的人的头发乱成一小团一小团）；

水母子荔枝（浆汁丰富，像水母一样）；

蒺藜荔枝（皮上有突起的皱纹，形状尖如蒺藜刺）；

大将军荔枝、小将军荔枝（荔枝树叶大小都是一样的）；

大蜡荔枝、小蜡荔枝（果实有大有小，但都是成熟后呈黄色）；

松子荔枝（样子像松子）；

蛇皮荔枝（皮上纹路像蛇皮）；

青荔枝（成熟后为青色）；

银荔枝（成熟后为银白色）；

不忆子荔枝（吃了一次后再也不会想吃它）；

火山荔枝（出产在梧州，果大而且成熟期早，三月就能吃了）；

野山荔枝（果小而且味酸涩，人们很少吃它）；

五色荔枝（产自海南）。

多事的人还用荔枝做馒头，先把荔枝的汁榨干，放进酥酪及辛辣作料进味。还有的做签炙，将荔枝果肉和椰子花及酥酪一起炒熟，当地人特别爱吃。

采橄榄

王立之《诗话》①云："东坡《橄榄诗》'纷纷青子落红盐'之句，范景仁②言：'橄榄木高大难采，以盐擦木身，则其实自落，此所以有红盐之句也'"。予按，江邻几③《嘉祐杂志》④云："橄榄木，其花如樗⑤。将采其实，剥其皮，以薑汁⑥涂之，则尽落"。范说乃尔⑦，何耶？岂咸辣皆可用欤？

【译】王立之的《诗话》写道："苏东坡的《橄榄诗》中有'纷纷青子落红盐'的诗句，范景仁说：'橄榄树很高，采摘橄榄很困难，用盐擦抹在树干上，橄榄自己就会掉下来，故此苏东坡才有红盐这一句诗。'"按，江邻几的《嘉祐杂志》说："橄榄树的花像臭椿。在要采摘

---

① 王立之《诗话》：王立之，人名。王立之所撰《诗话》未见刊本传世。

② 范景仁：人名。

③ 江邻几：江休复，宋代陈留（今河南开封附近）人。官至刑部尚书郎中，有《春秋世论》等。

④ 《嘉祐杂志》：共一卷，又名《邻几杂志》。

⑤ 樗（chū）：臭椿。

⑥ 薑（jiāng）汁：生姜汁。薑，又写作"姜"。

⑦ 乃尔：文言虚词"竟是如此"之意。

橄榄时，剥去树皮，用生姜汁涂在树干上，橄榄就会全部掉下来。"范景仁又说是那样，到底是怎么回事？难道咸的、辣的都能管用吗？

论盐

姚宽令威①著《西溪丛话》云："尝监台州杜渎②盐场，以莲子③试卤④，更择莲子重者用之。卤浮三莲、四莲，味重；五莲，尤重。莲子取其浮而直，若二莲直，或一直一横，即味差薄。若卤更薄，即莲蓬沉于底，即煎盐不成。"以上皆姚说。予按，江邻几《嘉祐杂志》云："吴春卿⑤任临安，召铺户⑥，诘验盐法。云：'煮盐用莲子为候⑦。十莲者，官盐也。五莲以下，卤水漓⑧，私盐也。私盐色自红，烧稻灰染其色，以仿官盐，于是嗅以辨之'。自是不用铺户，自能辨晓。"考此，则仁宗时，以五莲为漓，十莲为重。今以五莲为重，乃知今之盐味不逮⑨仁宗时远矣。

---

① 姚宽令威：人名。名宽字令威，宋人。官至枢密院编修官。

② 杜渎：地名。

③ 莲子：莲花所结果子。

④ 卤：卤水，指由海水制成的可供煎盐的咸水。又指海水制盐后残留的母液。

⑤ 吴春卿：人名。

⑥ 铺户：店铺，商店。《六部成语·铺户》："店铺之家也。"

⑦ 候：观测。

⑧ 漓：稀、薄。

⑨ 不逮：不及。

【译】姚令威所著的《西溪丛话》中说:"曾经任台州杜渎盐的盐监,用莲子测试卤水的浓度,选择重的莲子试卤。卤水能浮起三颗、四颗莲子的,咸味就较重;能浮起五颗莲子,味道就更重。莲子要直立浮起才行,如果两颗莲子直立,或者一颗直、一颗横,说明味道比较薄。如卤水更淡,那么莲子就会都沉下去,这卤水就不能煎成盐了。"以上都是《西溪丛话》所记。按,江邻几《嘉祐杂志》说:"吴春卿在临安任职时,把铺户叫来盘问检验盐的办法。铺户说:'煮盐用莲子进行测试。能浮起十颗莲子的卤水制盐,是官盐。浮不起五颗莲子的,就是私盐。私盐自然发红,烧稻草灰染盐色,仿照官盐的样子,可以闻一闻来分辨。'于是不用铺户参与,自己就能分辨清楚。"根据这个记载,说明仁宗时代认为浮不起五颗莲子的盐味道就不行,以能浮起十颗莲子的味道为最咸。现在以浮起五颗莲子就行,可知当今的盐的味道可远不及仁宗时候了。

煮汤饼

范侍读伸元[①]长言[②],其父淳甫[③],元祐间为东平府[④]直

[①] 范侍读伸元:范伸元,人名。侍读,官名,宋时设翰林侍读,掌讲读经史。

[②] 长言:经常说。

[③] 淳甫:范淳甫,人名。

[④] 东平府:宋宣柙元年(公元1119年)改郓州为东平府,治所在须城(今山东东平)。

讲①。每日供膳所食汤饼异常。因造②外厨③，讯诸庖者④。见几⑤上有金钱数十，审其安用。对曰："凡面入汤之后，每遇一沸，必下一钱，钱尽而后已。"故其说曰："硬作熟溲⑥，汤深煮久⑦。"

【译】范伸元侍读经常说，他父亲范淳甫，元祐年间任东平府直讲之职。每天准备的饭食中所吃的汤饼都不一样。为此他到外面的饭铺，向厨师打听。看到案子上有几十枚铜钱，就问那是做什么用的。厨师回答："每当面下到汤锅里以后，每遇烧开一次锅，就要丢下一枚铜钱，等钱都扔到里面了才算煮好了。"所以有这样一种说法："硬作熟溲，汤深煮久。"

茶品

张芸叟⑧《画墁录》⑨云："有唐茶品⑩，以阳羡为上

---

① 直讲：官名。直接以白话讲释经义。

② 造：到……去。

③ 外厨：外面的饭铺。

④ 讯诸庖者：向厨师去打听。讯，询问。庖者，厨师。

⑤ 几（jī）：小桌案。

⑥ 硬作熟溲：做成干些的粉面。溲，水调和粉面。

⑦ 汤深煮久：多加汤水，煮很长时间。

⑧ 张芸叟：人名，北宋人。

⑨《画墁（màn）录》：共一卷，宋张舜民撰。

⑩ 茶品：茶的等级。

供。建溪①北苑②未著也。贞元③中，常衮④为建州刺史，始蒸焙⑤而研⑥之，谓之'膏茶⑦'；其后始为饼样，贯其中⑧，故谓之'一串'。陆羽⑨所烹，惟是草茗⑩尔。迨⑪至本朝，建溪独盛。丁晋公⑫为转运使⑬，始制为凤团⑭，后又为龙团⑮，岁贡不过四十饼。天圣⑯中，又为小团，其饼迥⑰加于大团。

① 建溪：地名，又作建茶名。

② 北苑：茶名。

③ 贞元：唐德宗李适在位年号之一，即公元785—805年。

④ 常衮（gǔn）：人名。

⑤ 蒸焙：蒸后烤干。

⑥ 研：研磨。

⑦ 膏茶：茶名，即"研膏"。

⑧ 贯其中：用绳索穿起来。贯，穿连。

⑨ 陆羽：唐代复州竟陵（今湖北天门）人。字鸿渐（公元733—804年）。拒绝唐政府征召，以著书为事。嗜饮茶，著《茶经》三篇。旧时被视为"茶神"，又称为茶圣。

⑩ 草茗：粗茶。《史记·陈丞相世家》集解："草，粗也。"

⑪ 迨（dài）：等到，及。

⑫ 丁晋公：人名。

⑬ 转运使：宋代于转运司设转运使，管理水陆转运等事务。后来成为管理一路治安秩序的监司。

⑭ 凤团：茶名，有大凤、小凤之别，呈饼状。

⑮ 龙团：龙茶，饼形。

⑯ 天圣：宋仁宗赵祯在位年号之一，即公元1023—1032年。

⑰ 迥（jiǒng）：远，差别大。

熙宁末，神宗①有旨，下建州置'密云龙②'，其饼又加于小团。"已上皆《画墁录》所载。余按，《五代史》③："当后唐④天成四年⑤五月七日，中书门下⑥奏：'朝臣有乞假觐省⑦者，欲量赐⑧茶、药'。奉敕⑨宜依者，各令据官品等第⑩指挥⑪，文班⑫自左右常侍⑬、谏议⑭、给⑮、舍下⑯至侍

---

① 神宗：宋神宗赵顼（公元1048—1085年），公元1067—1085年在位。曾以王安石为相变法。

② 密云龙：茶名。《丹铅总录》："密云龙，茶名，极甘馨。"

③ 《五代史》：原名《五代史记》，今称《新五代史》，二十四史之一。宋欧阳修撰。共七十四卷，记载了后梁至后周共五十三年的历史。另有《旧五代史》，写作体例有别。

④ 后唐：五代之一。公元923年沙陀部人李存勖灭后梁称帝，国号唐，史称后唐，建都洛阳。

⑤ 天成四年：公元929年。天成为后唐明宗李亶（dǎn dàn）在位年号之一。

⑥ 中书门下：官署名，唐始置。《唐书·百官志》记："张说为相，又改政事堂号'中书门下'。"

⑦ 觐（jìn）省（shěng）：犹今之探亲。觐，本指朝见帝王。省，归省，省亲。

⑧ 赐：赏赐。

⑨ 奉敕：奉命，奉诏。敕，特指皇帝的命令或诏书。

⑩ 等第：等级。第，次第。

⑪ 指挥：这里指禁卫官等级。

⑫ 文班：文职官员。

⑬ 常侍：官名。为侍从天子之职。

⑭ 谏议：又称谏议大夫，官名，职掌议论。唐时属门下省，职掌侍从规谏。宋代设置谏院，以左右谏议大夫为其长官。

⑮ 给：给事中，官名。隋唐为门下省要职，在侍中及门侍郎之下，执掌驳正政令的违失。

⑯ 舍下：官名，待考。

郎①，宜各赐蜀茶②三斤、蜡面茶③二斤、草荳蔻④一百枚、肉荳蔻⑤一百枚、青木香⑥二斤，以次⑦武班⑧官各有差。"以此知建茶以蜡面为上供，自唐末已然矣。第"龙、凤"之制，至本朝有加焉。

【译】张芸叟的《画墁录》中说："在唐代茶叶中，以阳羡茶为最好。建溪和北苑茶还没有名气。贞元年间，常衮任建州刺史时，首先蒸、烤研制，称作'膏茶'；接着又开始做成饼的样子，用绳穿在中间，所以称作'一串'。陆羽所烹制的茶，只不过是粗茶而已。到了本朝，建溪茶发展得很快。丁晋公为转运使，开始制作凤团茶，以后又制龙团茶，一年上贡超不过四十饼。天圣年间，又制成小团茶饼，小团茶饼与大团茶饼区别很大。熙宁末年，神宗下圣旨，令建州制成'密云龙'茶，茶饼又区别于小团。"以上都是《画墁录》里的记载。按，据《五代史》所记："在后唐天

---

① 侍郎：隋唐以后，中书、门下及尚书省属各部都以侍郎为长官的副职。

② 蜀茶：蜀地所产茶。白居易诗："嫁得黔娄为妹婿，可能空寄蜀茶来。"

③ 蜡面茶：建茶之一种。

④ 草荳蔻：又名豆蔻、草果、飞雷子等。多年生草本植物，种子取仁入药，治心腹疼痛、反胃、吐泻等。

⑤ 肉荳蔻：又名豆蔻、肉果。常绿乔木，果仁入药，治心腹胀痛、虚泻冷痢和呕吐等。

⑥ 青木香：亦称木香，可御湿气。《海录碎事》："……献青木香，以御雾露。"

⑦ 以次：按照等级。

⑧ 武班：武职官员。

成四年五月七日那天，中书门有奏书说：'朝臣中有请假探亲的人，想请朝廷适量赐赏茶叶和药物。'奉命对于准假的人，根据各自的官衔等级，文职官员自左右常侍、谏议、给事中、舍下至侍郎，每人赏赐蜀茶三斤、蜡面茶两斤、草荳蔻一百枚、肉荳蔻一百枚、青木香两斤，按等级武职官员每等都有数量上的区别。"从这里可以看出建茶中以蜡面茶为上等，从唐代末年就已经是这样了。但"龙、凤"茶的制作，到了本朝产量就多了。

贡荔枝地

余昔记唐世进荔枝于《辨误门》①云："唐制以贡自南方，《杨妃外传》以贡自南海。杜诗亦云，南海及炎方。惟张君房以为忠州，东坡以为涪州，未得其实。"近见《涪州图经》②，及询土人云："涪州有妃子园荔枝。盖妃嗜生荔枝，以驿骑③传递，自涪至长安，有便路，不七日可到。"故杜牧之④诗云："一骑红尘妃子笑⑤。"东坡亦川人，故得

---

① 《辨误门》：本书卷三《辨误》"曲名荔枝香"条。

② 《涪州图经》：未见刊本传世。

③ 驿骑：古代供传递公文的人或来往官员途中歇息或换马的处所叫驿站，驿站的马匹即驿骑。

④ 杜牧之：杜牧（公元803—852年），字牧之，唐朝文学家，京兆万年（今陕西西安）人。官终中书舍人，有《樊川文集》传世。

⑤ 一骑红尘妃子笑：驿骑一到，妃子笑逐颜开。

其实。昔宋景文作《成都方物记图》①，言荔枝生嘉②、戎③等州。此去长安差近④，疑妃所取。盖不知涪有妃子园，又自有便路也。

【译】我以往写的唐代进贡荔枝一事记在卷三《辨误》里，大意是说："《唐书·礼乐志》记荔枝贡自南方，《杨妃外传》认为贡自南海。杜甫诗也说是南海和炎方。只有张君房认为是忠州，还有苏东坡则认为是涪州，不知究竟是何处。"近来看到《涪州图经》，问到当地人说："涪州产有妃子园荔枝，原来杨妃喜欢吃鲜荔枝，用驿站的马匹一站站传递，从涪州到长安，如果有很方便的道路相通，要不了七天就能到。"所以，杜牧之就有了"一骑红尘妃子笑"的诗句。苏东坡也是四川人，因此能得到荔枝。宋景文所作的《成都方物记图》，说荔枝产自四川嘉州、戎州等地。这里距长安要近一些，怀疑杨妃派人从这里取的荔枝。然而不知道涪州有荔枝园，而且路还近便一些。

---

① 《成都方物记图》：《益部方物略记》，共一卷。

② 嘉：嘉州，治所在今四川乐山。

③ 戎：戎州，唐时治所在今四川宜宾。

④ 差近：稍近一些。差，稍微地，比较地。

卷十六　乐府
（选一条）

水光山色，渔父家风

张志和①《渔父词》云："西塞山②边白鹭飞，桃花流水鳜鱼③肥，青箬笠④，绿蓑衣⑤，斜风细雨不须归。"顾况⑥《渔父词》："新妇矶⑦边月儿明，女儿浦⑧口潮平，沙头鹭宿鱼惊。东坡云："玄真⑨语极清丽，恨其曲度⑩不传。"加数语以《浣溪沙》⑪歌之云："西塞山边白鹭飞，散花洲外片帆微，桃花流水鳜鱼肥。自庇⑫一身青箬笠，相随到处绿蓑衣，斜风细雨不须归……"

【译】（略）

---

① 张志和：唐朝诗人。字子同，婺州金华（今浙江金华）人。授左金吾卫录事参军，后隐居不仕，有《玄真子》传世。

② 西塞山：地名。在今浙江吴兴西南二十五里，即慈湖镇道山矶。古代诗人多咏之。

③ 鳜鱼：也作桂鱼。口方鳞细，体黄绿色，有鲜明的黑斑，味鲜美。

④ 箬（ruò）笠：用箬竹编的斗笠。

⑤ 蓑衣：用草或棕制成的雨衣。

⑥ 顾况：唐代诗人。字逋翁，今江苏苏州人。曾任著作郎，明人辑有《华阳集》。

⑦ 新妇矶：地名。不详。

⑧ 女儿浦：又名女儿港，在江西九江东南三十五里。

⑨ 玄真：玄真子，指张志和。

⑩ 曲度：曲调。《文选》："曲度虽均，节奏同检。"

⑪ 《浣溪沙》：词牌、曲牌名，见《辞谱》。

⑫ 庇（bì）：同"庇"，遮蔽。

卷十七　乐府
（选一条）

茶词

豫章先生①少时，尝为"茶词"，寄《满庭芳》②云："北苑龙团③，江南鹰爪④，万里名动京关⑤。碾深罗细⑥，琼蕊⑦冷生烟。一种风流气味，如甘露，不染尘烦⑧。纤纤捧，冰磁⑨弄影⑩，金缕鹧鸪斑⑪。相如⑫方病酒⑬，银瓶⑭蟹眼⑮，

---

① 豫章先生：宋人罗从彦，字仲素，曾授博罗主簿，学者称为"豫章先生"，有《豫章集》等。

② 《满庭芳》：词牌、曲牌名。采唐吴融诗"满庭芳草易黄昏"为名，见《辞谱》。

③ 北苑龙团：宋代贡茶名。北苑，南唐和宋代的贡茶产地。

④ 江南鹰爪：茶叶名。《负暄杂录》：北苑茶凡茶芽数品，最上曰小芽，如雀舌鹰爪。杨万里有诗说："鹰爪新茶蟹眼汤，松风鸣雪兔毫霜。"

⑤ 京关：京师，都城。

⑥ 碾深罗细：碾，捣碾，把初经炮制的茶叶捣碎。罗，筛，让成形的茶叶大小均匀。

⑦ 琼蕊：指茶叶。

⑧ 不染尘烦：没有染上尘土。

⑨ 冰磁：优良的瓷制茶具。

⑩ 弄影：晃动的样子。

⑪ 金缕鹧鸪斑：钩金的、褐黑色带白斑点的陶瓷器。这里指茶盏。

⑫ 相如：司马相如。

⑬ 病酒：因饮酒过量而致疾。

⑭ 银瓶：盛酒器。

⑮ 蟹眼：汤沸时泡沫如蟹眼。蔡襄《茶录》："候汤最难，未熟则沫浮，过熟则茶沉，前世谓之蟹眼者，过熟汤也。"

惊鸾涛翻。为扶起尊①前，醉玉颓山②。饮罢风生两袖③，醒魂到明月轮边④。归来晚，文君未寝⑤，相对小窗前。"其后增损⑥其词，止咏建茶云："北苑研膏⑦，方圭圆璧⑧，万里名动天关⑨。碎身粉骨⑩，功合在凌烟⑪。尊俎风流战胜⑫，降春梦⑬，开拓愁边⑭。纤纤棒，香泉⑮溅乳⑯，金缕鹧鸪斑。

---

① 尊：又作"樽"，酒器。

② 醉玉颓山：陶醉之貌。

③ 饮罢风生两袖：比喻饮茶后的轻松畅快之情。

④ 醒魂到明月轮边：心志高远之意。

⑤ 文君未寝：文君尚未入睡。文君，即卓文君，西汉蜀郡临邛（今四川邛崃）人。司马相如免官归蜀，卓文君同他私奔到成都，她被视为反封建礼教的典型历史人物。

⑥ 增损：增减、删改之意。

⑦ 北苑研膏：茶名。建茶之美者为北苑茶，研膏为其一种。

⑧ 方圭圆璧：茶饼的形状，如方的"圭"和圆的"璧"。

⑨ 万里名动天关：这里指茶叶名声传得很远。

⑩ 碎身粉骨：将茶叶捣碎。

⑪ 功合在凌烟：建茶能供皇上享受，功劳很大。凌烟，封建王朝表彰功臣的高阁。

⑫ 尊俎风流战胜：意为茶能解酒、帮助消化。尊，代指酒。俎，泛指馔品。

⑬ 降春梦：有利于睡眠之意。

⑭ 开拓愁边：饮茶能消愁解闷。

⑮ 香泉：茶水。

⑯ 溅乳：茶水被搅动时流动的样子。

相如虽病渴①,一舠一咏②,宾有群贤③。便扶起灯前,醉玉颓山。搜搅胸中万卷④,还倾动三峡词源⑤。归来晚,文君未寝,相对小妆残。"词意益工⑥也。

【译】(略)

---

① 相如虽病渴:相如,司马相如。病渴,指消渴疾,即糖尿病。司马相如曾患此病。

② 一舠一咏:喝一杯、吟一首(赋)。

③ 宾有群贤:群贤都很佩服。宾,有"服"之意。

④ 搜搅胸中万卷:写作时,纵横驰骋的自在得意之态。万卷,指读书之多。

⑤ 还倾动三峡词源:文思如翻江之水。胜于"文思如泉涌"之意。

⑥ 词意益工:词意更为工整完美。

卷十八　神仙鬼怪

（选五条）

仁宗芝草之瑞

仁宗①始诞之夕，榻下生芝草②一本③，凡四十二叶。故即位四十二年④，应此之数也。

【译】宋仁宗出生的那天晚上，床下长出一丛灵芝草，共有四十二片叶子。所以他在位四十二年，应了这个数字。

寇莱公⑤强人饮

寇莱公善饮酒，人罕能敌。迨罢相，判永兴⑥，官吏宾客之能饮者，不限位貌⑦，常令陪饮席。时处士⑧刘野⑨、

---

① 仁宗：宋仁宗赵祯（公元1010—1062年）。

② 芝草：灵芝草。

③ 本：量词，棵，丛，株，撮。

④ 即位四十二年：宋仁宗公元1022—1063年在位，共四十二年。

⑤ 寇莱公：寇准（公元961—1023年），北宋大臣。字平仲，华州下邽（今陕西渭南东北）人。任宰相，有《寇忠愍公诗集》。因封莱国公，故称"寇莱公"。

⑥ 判永兴：永兴军通判。永兴军为宋代路名，治所在今陕西西安。通判，各州、府设置的次于知府、知州的官员。

⑦ 不限位貌：不论地位与长相如何。

⑧ 处士：没做官的读书人。

⑨ 刘野：人名。

僧梦英①亦常预坐②。有倅③连困于酒，已疾，而公尚促之不已，其妻乃叩公庭讼焉，遂免。后有一道人上谒④，自言能剧饮⑤，一引可尽斛瓶⑥。索⑦公以瓶为对，公喜如其请。既而道人举瓶，一引而尽。公则不能。道人强之，公笑曰："量不可加⑧"，遂止。道人因谓公曰："今后少劝人酒。"公悟，自尔劝酒减矣，道人遂不复见。

【译】寇准很能喝酒，极少有能超过他的人。待到罢相贬任永兴军通判后，官吏和宾客中凡有比较能喝酒的，不论其地位和相貌如何，经常都被叫去陪席饮酒。当时的刘野处士和僧人梦英也常常赴宴在坐。有一个副职官员由于连喝几次酒，已经染上了病，而寇准依然催促不止，这个官员的妻子不得已上诉到公庭，才得以幸免。后来有一个道人前去拜访，说自己极能喝酒，一下子就能喝光一大瓶。他请寇准拿酒瓶喝，寇准高兴地应允了。结果道人举起酒瓶一饮而尽，寇准却喝不了。道人强劝他喝，寇公笑着说"酒已够量再不

---

① 梦英：人名。

② 预坐：赴宴之意。预，宴也。

③ 倅（cuì）：副职。

④ 谒（yè）：进见；拜见

⑤ 剧饮：快饮，猛饮。

⑥ 斛（dǒu）瓶：斗瓶，盛酒器。

⑦ 索：请求。

⑧ 量不可加：已经尽量，不能再饮。

能加了",这才停饮。道人对寇准说:"今后可要少强劝别人饮酒。"寇公领悟,从此劝酒的事就减少了,之后再也没有看见这个道人了。

张相公食料羊①

张相公齐贤②,洛③人。布衣④时,尝春游嵩岳庙⑤,饮酒,醉卧于巨石。梦人驱群羊于前,谓曰:"张相公食料羊。"后张每食,数斤方厌⑥,世无比者。

【译】张齐贤相公是洛阳人。还在为官之前,有一次春天游览嵩岳庙,饮酒醉了后躺在一块大石头上睡着了。梦中见一人赶着一群羊来到他面前,对他说:"张相公食料羊。"后来张齐贤每次吃羊肉,吃好几斤才能饱,没有人比得过他。

道民种茴香

林灵素⑦开讲于宝箓宫⑧,一道民⑨怒目立于前。灵素

---

① 料羊:以羊为俸禄。料,古指官俸之外的食料。

② 张相公齐贤:人名,张齐贤。相公,《日知录》:"前代拜相者悉封公,故称之曰相公。"据《通俗编》:"今凡衣冠中人,皆僭(jiàn)称相公。"

③ 洛:洛阳。

④ 布衣:平民百姓。

⑤ 嵩岳庙:又名中岳庙。在今河南登封县嵩山山麓,为河南现存规模最大的寺庙建筑。

⑥ 厌:饱。《盐铁论·错币》:"或储百年之余,或不厌糟糠也。"

⑦ 林灵素:宋永嘉(今浙江温州)人,以方术得幸宋徽宗,号玄妙先生。

⑧ 宝箓(lù)宫:皇城道宫。宝箓,本指道家符箓。

⑨ 道民:信道教的人。

问："尔何能？"道民曰："无所能。"灵素曰："尔无所能，何以在此？"道民曰："先生无所不能，何以在此。"徽宗①异之，宣②问："实有何能？"道民对曰："臣能生养万物。"遂下道院，取可以布种者，得茴香③一掬④，命道民种于艮岳⑤之趾⑥，仍遣禁卫⑦监宿于道院中。是夜三鼓⑧，失所在。翌日，视岳趾⑨，茴香成林矣。

【译】林灵素在宝箓宫讲解道法，有一道民满脸怒气地站立宫前。林灵素问他："你有何本事？"道民回答："没什么本事。"林灵素就说："既然没什么本事，那在这里干什么呢？"道民说："先生无所不能，又为什么在这里？"徽宗听说后感到很奇怪，把这人叫到跟前问道："你到底有什么本领？"道民回答："臣民能培植万物。"于是走出道院，弄到可以种植的植物，将一捧茴香交给道民，叫他种在艮岳山脚下，还派了禁卫军监视道民在道院中住下。当天三更，道民不知去向。第二天，到山脚下一看，茴香已经长满了。

---

① 徽宗：宋徽宗赵佶。

② 宣：宣召。

③ 茴香：多年生草本植物。嫩茎、叶作蔬菜，果实作香料，可入药。

④ 一掬：一束，一捧。

⑤ 艮（gèn）岳：在河南开封县城东北隅，为宋徽宗时人工堆筑而成。

⑥ 趾：这里指山脚。

⑦ 禁卫：皇帝的卫队。

⑧ 三鼓：三更；半夜。

⑨ 岳趾：山脚下。

袁天纲知牛产牝牡

袁天纲①，本蜀郡②人。隋末，于阆州③蟠龙山前筑宅居之。岐阳④李淳风⑤闻其名，赍金⑥自远，事以师礼。一日，二人郊行，见一牛迹，袁语淳风曰："此虽牛迹，能知其牝牡否？"淳风曰："余安能知。"袁曰："乃牝而有孕者，又左目必伤，当产一犊。"淳风寻问之，皆然，未几产一犊。淳风曰："从学久矣，未闻此术，何也？"袁曰："非术也。牛之有孕。左重，牡也；右重，牝也。吾视牛迹，左足深，必产牡也。惟食右边草，必左目伤也。"淳风叹曰："兄之术可及，其智不可及也。"孟子谓："大匠⑦能诲人以规矩⑧，不能使人巧。"以袁之于李，孟言益可信矣。

【译】袁天纲本是蜀郡人。隋朝末年，他在阆州蟠龙山下建宅院居住。岐阳的李淳风久慕他的名声，带着钱远离家门，投拜袁天纲为师。一天，二人在郊外散步，看到一行牛的脚印，袁天纲对李淳风说："仅就这牛的脚印看，你能

---

① 袁天纲：唐成都人。隋代曾为盐官令，又被唐太宗召见。有《六壬课》《五行相书》等。

② 蜀郡：古蜀国地，治所在成都（今四川成都），辖境主要是今川西地区。

③ 阆（làng）州：唐置隆州，改曰阆州，治阆中（今四川阆中）。

④ 岐阳：唐置县，故治在陕西扶风西北。

⑤ 李淳风：人名。

⑥ 赍（jī）金：带着钱。赍，怀，抱。把东西送人亦为赍。

⑦ 大匠：木工，木匠。

⑧ 规矩：木作技术。规，画圆工具。矩，画方形的曲尺。

知道牛是公是母吗？"淳风说："那怎么能知道。"袁天纲说："这是一头母牛，而且还怀着孕，它的左眼一定是伤了，快要产牛犊了。"淳风后来一打听，果真如此，不久此牛真就产下一头小牛。淳风说："我跟您学习很久了，未听说还有这个法术，是什么缘故？"袁天纲说："这不是什么法术。牛怀孕后，左边重，产公牛；右边重，产母牛。我看到牛的脚印左足深些，所以说它必产一头公牛。又见它只吃右边草，断定左眼必受了伤害。"李淳风感叹地说："虽然您的法术可以学到，但您的智慧是没法学到的。"孟子说："能干的木匠能教给人方法，却没法使人聪慧。"从袁天纲和李淳风的事看，孟子的话更加可信了。

逸文
（选八条）

狻糖

近世造糖，作狻猊①形，号"狻糖"。

【译】近几年造的糖果，有一种做成狻猊形状的，取名为"狻糖"。

真率会②

司马温③公有"真率会"，盖本于东晋初肆拜官④相饬⑤供馔。羊曼⑥在丹阳⑦日，客来早者，得佳设⑧，日晏则渐不

---

① 狻（suān）猊（ní）：传说中的一种猛兽。有的认为是狮子或野马。狮子之说出自《尔雅注》。

② 真率会：坦率之会。

③ 司马温：司马光（公元1019—1086年），北宋大臣，史学家。字君实，陕州夏县（今山西夏县）人。官尚书佐仆射兼门下郎，著《资治通鉴》，有《司马温公集》。

④ 拜官：升官。拜，授给官职。

⑤ 饬（chì）：治，这里有准备的意思。

⑥ 羊曼：晋人，字祖延。曾任丞相主簿，好酒。

⑦ 丹阳：郡名，治所在宛陵（今安徽宣城）。

⑧ 佳设：佳肴。设，摆设，借指食物。

复精，随客早晚而不问贵贱①。时羊固②拜临海守③，竟日皆美，虽晚至者，犹获精馔。时言"固④之丰腆⑤，不如曼⑥之真率"。

【译】司马光的"真率会"，本源于东晋初年兴起的升官者争相制备招待宴会之风。羊曼在丹阳任职时大摆宴席，客人来得早的，便能吃上美味佳肴，来得越晚饭食就越不怎么精美了，饭食随来客的早晚而不以他们的身份高低而变化。当时羊固拜任临海郡太守，整日的宴席都十分精美，虽是晚到的客人，也能吃到美味佳肴。那时就有了"羊固之丰盛，不如羊曼之真率"的传言。

（注：以上两条逸文出自《卷一·事始》，以下各条逸文卷次不详，标题为注者拟。）

食中置粪

某王幼子，年三十余，不知人。初除官⑦，受俸三千

---

① 随客早晚而不问贵贱：此句言所设馔品并不随客人地位高低而决定丰盛与否，只随客人到此的早晚而定。

② 羊固：人名。

③ 拜临海守：授给临海太守一职。临海，郡名，治所在临海（今浙江临海），不久移治章安（今浙江临海东南）。

④ 固：羊固。

⑤ 丰腆：丰盛。腆，丰厚。

⑥ 曼：羊曼。

⑦ 除官：任命官职。除，任命，授职。

缗①。后增秩②，只认此数为己有。每食，必置粪少许于食中。好画狗及木为小楼阁。有献二物者，必厚酬之。死之日，二物满屋。

【译】某个王府的小儿子，年龄到了三十多岁，还不懂做人的道理。开始授职为官时，给的俸禄是三千缗。后来俸禄又增加了，只把这三千缗认作是自己的。每当进食的时候，必得在饭食中放一点粪。喜欢画狗和用木头搭做小楼阁，有送他这两样东西的人，必以厚酬相谢。到他死去之时，这两样东西把房子都堆满了。

食前方丈

《韩诗外传》③："楚庄王使使者赍金百斤，聘北郭先生④。先生谓妻曰：'楚欲以我为相⑤。今日为相，即结驷列骑⑥，食方丈⑦于前。如何？'闺人⑧曰：'今日结驷列骑，所安不过容膝⑨。食前方丈，所甘不过一肉，以容膝之安，

---

① 缗（mín）：指成串的铜钱。古时一千文为一缗。

② 秩：官吏的俸禄。又指官吏的等级次第。

③ 《韩诗外传》：共十卷，汉韩婴撰。

④ 北郭先生：楚人。北郭为姓，以居地城北为氏，它如东郭、南郭等，义同。

⑤ 相：宰相，楚相名为"令尹"，掌军政大权。

⑥ 结驷（sì）列骑：车前四马并辔（pèi）而行，比喻地位显赫。

⑦ 方丈：一丈见方的饭桌。"食前方丈"还见于《孟子·尽心》，形容肴馔之丰盛。

⑧ 闺人：妻子。闺，女子居所，内室。《汉书·张敞传》："闺房之内，夫妇之私，有过于画眉者。"后世专谓未婚女子居所为闺房。

⑨ 容膝：仅容放下两条腿，比喻地之狭小。

一肉之味，而殉楚国之忧①，其可乎？'"又刘向②《列女传》③："楚于陵④妻曰：'结驷连骑，所安不过容膝。'"故晋张诠⑤亦曰："古人以容膝为安"，盖指此也。一以为北郭妻，一以为于陵妻，未知孰是。渊明⑥《归去来辞》⑦："审⑧容膝之易安"，世以为语出乎陶，盖不深考者也。

【译】《韩诗外传》记载："楚庄王派使者带了一百斤金子，去聘请北郭先生。这位北郭先生对他的妻子说：'楚国想请我为相。现在当上宰相，就要坐结驷列骑的高车，吃一大桌子的饭菜了。怎么样？'妻子说：'今天你结驷列骑，所舒服的不过是你那两条腿。吃一大桌子的饭菜，好吃的也不过是一盘肉。就为了这两条腿的舒服和一盘肉的滋味，而去为楚国卖命，这值得吗？'"又见刘向《列女传》说："楚人于陵的妻子说：'结驷连骑，舒服的也只不过是两条腿。'"所以晋人张诠也有"古人以容膝（坐车）为享

---

① 殉楚国之忧：犹言在楚国危难时去送死。

② 刘向：西汉经学家、目录学家、文学家。本名更生（公元前77—前6年），字子政，沛（今江苏沛县）人。官至垒校尉，著《新序》《说苑》《别录》等。

③ 《列女传》：刘向撰，共七卷。

④ 于陵：人名。

⑤ 张诠（quán）：人名。

⑥ 渊明：陶潜，东晋文学家，诗人。字渊明，寻阳柴桑（今江西九江西）人。曾为州祭酒、参年，后归隐田园，今存《陶渊明集》。

⑦ 《归去来辞》：陶渊明任彭泽县令，因不为五斗米折腰，毅然解印去职，至死不仕，作《归去来辞》。

⑧ 审：审察，弄明白。

乐"，指的就是这件事。不过一说是北郭之妻，一说是于陵之妻，不知到底谁是正确的。陶渊明《归去来辞》中有"审容膝之易安"一语，很多人都认为这"容膝"一语出自陶渊明，这是不做深入考究的结果。

采葵

古诗云："采葵①莫伤根，伤根葵不生②。结友莫羞贫③，羞贫友不成④。"杜诗⑤："刈葵莫放手，放手伤葵根"者，盖取此也。

【译】（略）

牛酥煎花蕊

东坡《雨中明庆赏牡丹》云："霏霏雨雾作清妍，烁烁明灯照欲燃。明日春阴花未老⑥，故应未忍著酥煎⑦。"又云："千花与百草，共尽无妍鄙⑧。未忍污泥沙⑨，牛酥煎落

---

① 葵：这里是指冬葵，叶嫩时可作蔬菜。
② 不生：不活，死。
③ 结友莫羞贫：交朋友不要以贫穷为耻辱。
④ 羞贫友不成：嫌贫就交不上好朋友。
⑤ 杜诗：杜甫之诗。
⑥ 花未老：花还没有凋谢。
⑦ 故应未忍著酥煎：所以不忍心拿来用酥油同煎。酥，指牛酥，奶酪。
⑧ 共尽无妍鄙：指花草共生共死不分美丑。妍，美。鄙，丑。此句意同韩愈诗："草木覆明载，妍愧齐荣萎。"
⑨ 未忍污泥沙：不忍让泥沙把花瓣污损了。

蕊①。"孟蜀②时兵部尚书③李昊④,每将牡丹花数枝分遗朋友,以牛酥同赠,且曰:"俟花凋谢,即以酥煎食之,无弃秾艳⑤。"其风流贵重⑥如此。

【译】苏东坡的《雨中明庆赏牡丹》写道:"霏霏雨雾作清妍,烁烁明灯照欲燃。明日春阴花未老,故应未忍著酥煎。"又有诗写道:"千花与百草,共尽无妍鄙。未忍污泥沙,牛酥煎落蕊。"后蜀时的兵部尚书李昊,时常将几枝牡丹分送朋友,而且同时赠给他们牛酥,还说:"到花瓣凋谢后,就用牛酥煎熟吃掉,别糟践了这么美好的食品。"可见当时就有如此看重牡丹的风尚。

食肉、乘车

山谷《薄薄酒》云:"吾闻食人之肉⑦,可随以鞭仆

---

① 牛酥煎落蕊:用牛酥煎花瓣食用。蕊,本指花心,这里指花瓣。

② 孟蜀:五代十国时的后蜀政权,为孟知祥在公元934年建立,建都成都。

③ 兵部尚书:兵部最高长官。兵部为六部之一,主管中央及地方武官的选用、考察以及兵籍、军械、军令等事务。

④ 李昊:人名。

⑤ 秾(nóng)艳:食品中之最美好者。

⑥ 贵重:看重。

⑦ 食人之肉:吃别人的酒饭。意指做官。

之戮①；乘人之车②，可加以斧钺之诛③。"按，老莱子④妻云："妾闻之，可食以肉酒者，可随以鞭捶；可授以官禄者，可随以斧钺。今先生食人之酒肉，受禄，此皆人之所制⑤也。"

【译】山谷的《薄薄酒》写道："我听说吃了人家的肉，随时都可能受鞭打的羞辱；坐了人家的车，会受到砍头的诛杀。"按，老莱子的妻子说："妾听说，可以给他酒食吃的人，随时都可以拿鞭子抽打他；可以给他官做的人，随时都可以砍掉他的头。现在先生吃了人家的酒肉，受了人家的俸禄，这都会成为受人遏制的根由。"

姜豉

今市中所卖姜豉⑥，以细抹⑦猪肉冻而为之，自唐以来有也。《朝野佥载》："姜悔⑧为吏部侍郎⑨，眼不识字，

---

① 鞭仆之戮（lù）：受鞭打的刑法。戮，责辱，杀。

② 乘人之车：乘车亦指做官。

③ 斧钺（yuè）之诛：砍头的意思。

④ 老莱子：春秋时楚国人。生性至孝，楚王求贤以辅佐，弃去不仕。此节说的正是他不为官不受禄思想的来源。

⑤ 制：制约，管束。

⑥ 姜豉：掺有肉沫的豆豉。

⑦ 细抹：细沫。这里指肉沫。

⑧ 姜悔：人名。

⑨ 吏部侍郎：吏部长官为尚书，副手为侍郎。吏部为六部之首，主管官吏的任免、考课、升降、调动。

手不解书。滥掌权衡①，曾无分别。选人②歌曰：'今年选数③恰相当，抑由坐主无文章④。案后一腔冻猪肉⑤，所以名为姜皎郎。'"

【译】现在街上卖的姜皎，是用猪肉切成细末冻成的，自唐代以来就有了。《朝野佥载》记载："姜悔任吏部侍郎，眼睛不识字，手也不翻书。选拔官吏没什么标准，不分优劣。那些候选的官员编了一首歌谣说：'今年选数恰相当，抑由坐主无文章。案后一腔冻猪肉，所以名为姜皎郎。'"

---

① 权衡：秤。这是说的"滥掌权衡"意为毫无标准。
② 选人：候选官员，唐代称选人。唐时有东选南选之分。
③ 选数：入选官员的数目。
④ 抑由坐主无文章：都因为管事的不识字。坐主，指姜悔。文章，文字，学识。
⑤ 案后一腔冻猪肉：对侍郎姜悔的蔑称，说他坐在书案后就像一摊冻猪肉一样。